高职高专"十三五"特色规划教材

AutoCAD 2014 案例教程

主　编　任国强　　邓祖才

副主编　罗　辉

主　审　祝　林

U0206340

西南交通大学出版社
·成都·

内容提要

　　采用 AutoCAD 软件绘图是高职机电类、建筑类等专业学生必备的绘图技能。《AutoCAD 2014 案例教程》以 AutoCAD 2014 版本为主线，以完成平面零件图和装配图为重点，以任务导向为目标，采用项目形式编写，针对每个知识点辅以相应实例，使读者能够快速、熟练地掌握 AutoCAD 绘图知识。本书所选实例内容丰富且紧密联系工程实际，具有很强的专业性和实用性。本书最主要的特色就是把基本命令融入到完成案例的过程中进行讲解。

　　《AutoCAD 2014 案例教程》可以作为大中专院校、高职院校和社会相关培训机构的教材，也可作为从事机械设计的工程技术人员的参考用书。

图书在版编目（CIP）数据

AutoCAD2014 案例教程 / 任国强，邓祖才主编. —
成都：西南交通大学出版社，2015.10
ISBN 978-7-5643-4346-0

Ⅰ. ①A… Ⅱ. ①任… ②邓… Ⅲ. ①AutoCAD 软件 –
高等学校 – 教材 Ⅳ. ①TP391.72

中国版本图书馆 CIP 数据核字（2015）第 246399 号

AutoCAD 2014 案例教程

主编　　任国强　　邓祖才

责 任 编 辑	孟苏成
封 面 设 计	墨创文化

出 版 发 行	西南交通大学出版社 （四川省成都市金牛区交大路 146 号）
发 行 部 电 话	028-87600564　028-87600533
邮 政 编 码	610031
网　　　址	http://www.xnjdcbs.com
印　　　刷	成都中铁二局永经堂印务有限责任公司
成 品 尺 寸	185 mm × 260 mm
印　　　张	8.75
字　　　数	219 千
版　　　次	2015 年 10 月第 1 版
印　　　次	2015 年 10 月第 1 次
书　　　号	ISBN 978-7-5643-4346-0
定　　　价	25.00 元

课件咨询电话：028-87600533

前　言

AutoCAD 是由美国 Autodesk 公司于 20 世纪 80 年代初为在计算机上应用 CAD 技术而开发的绘图程序软件包，经过不断地完善，已经成为强有力的绘图工具，并在国际上广为流行。

AutoCAD 2014 是 Autodesk 公司于 2013 年开发的一款自动计算机辅助设计软件，可以用于二维制图和基本三维设计。使用 AutoCAD，无需懂得编程即可自动制图。因此，它在全球广泛使用，可应用于土木建筑、装饰装潢、工业制图、工程制图、电子工业、服装加工等众多领域。

本书严格贯彻国家制图新标准，以"实用为主、够用为度"的原则，在内容编写上着重考虑培养学生掌握基本知识和技能。根据高职高专的实际培养目标，培养学生的计算机绘图能力。在叙述方法上通俗易懂，深入浅出。

全书系统地阐述了 AutoCAD 软件的背景及发展历程，AutoCAD 二维绘图常用的命令和快速作图的方法，二维图形的各种标注，常见机械符号的绘制与标准，轴测图的绘制与标准，常见零件图的绘制，装配图的绘制，图形的打印输出。

本书主要有以下特点：

（1）本书的编写及制图采用我国最新颁布的制图标准。

（2）本书根据高职教育的特点，在内容选取和编排上遵循"必须、够用、适用"的原则。

（3）本书注重学生技能的训练和综合分析能力的培养，引入工程案例的模式，注重生产实际，有利于学生毕业后能快速适应企业对计算机绘图的要求。

（4）本书每一任务后都附有上机指导，以便学生加深印象，有目的和针对性地复习。

（5）本书采用项目和任务导向的形式进行编写，有助于提高学生的学习兴趣和学习的针对性。

（6）本书最大特色就是将 AutoCAD 知识融入实际操作中进行学习。

参加本书编写的有：四川职业技术学院任国强（编写项目一、项目四~项目六），邓祖才（编写项目七），四川职业技术学院罗辉（编写项目八），四川职业技术学院钱桂名（编写项目二），四川职业技术学院游代乔（编写项目七），四川职业技术学院刘帅（编写项目三）。

本书由任国强、邓祖才担任主编，罗辉任副主编，祝林担任主审。

由于编者水平所限，书中定有疏漏及不妥之处，恳请读者批评指正，以便修订时调整与改进。

编　者
2015 年 7 月

目　录

目　录

项目一　AutoCAD 基础知识

【项目目标】

1. 能选择不同的方式打开 AutoCAD 软件；
2. 会使用 AutoCAD 软件界面各部分的功能；
3. 能保存和打开 AutoCAD 文件。

任务　新建 AutoCAD 文件并存盘

一、任务描述

在桌面创建以自己名字命名的 AutoCAD 文件并另存于 D 盘根目录下。

二、相关知识

（一）AutoCAD 软件背景

计算机辅助设计（Computer Aided Design，缩写为 CAD），是指用计算机的计算功能和高效的图形处理能力，对产品进行辅助设计分析、修改和优化。它综合了计算机知识和工程设计知识的成果，并且随着计算机硬件性能和软件功能的不断提高而逐渐完善。

计算机辅助设计技术问世以来，已逐步成为计算机应用学科中一个重要的分支。它的出现使设计人员从繁琐的设计工作中解脱出来，有利于充分发挥设计人员的创造性，对缩短设计周期、降低成本起到了巨大的作用。

CAD 诞生于 20 世纪 60 年代，是美国麻省理工大学提出的交互式图形学的研究计划。由于当时硬件设施昂贵，只有美国通用汽车公司和美国波音航空公司使用自行开发的交互式绘图系统。70 年代，小型计算机费用下降，美国工业界才开始广泛使用交互式绘图系统。

80 年代，由于 PC 机的应用，CAD 得以迅速发展，出现了专门从事 CAD 系统开发的公司。当时 Versa CAD 是专业的 CAD 制作公司，所开发的 CAD 软件功能强大，但由于其价格昂贵，故不能普遍应用。而当时的 Autodesk 公司是一个仅有员工数人的小公司，其开发的 CAD 系统虽然功能有限，但因其可免费拷贝，故在社会得以广泛应用。同时，由于该系统的开放性，因此，该 CAD 软件升级迅速。

AutoCAD 是由美国 Autodesk 公司于 20 世纪 80 年代初为计算机上应用 CAD 技术而开发的绘图程序软件包，经过不断地完善，已经成为强有力的绘图工具，并在国际上广为流行。

AutoCAD 可以绘制任意二维和三维图形，与传统的手工绘图相比，用 AutoCAD 绘图速度更快，精度更高，且便于修改，已经在航空航天、造船、建筑、机械、电子、化工、轻纺等很多领域得到了广泛的应用，并取得了丰硕的成果和巨大的经济效益。

AutoCAD 具有良好的用户界面，通过其交互式菜单便可以进行各种操作。它的智能化多文档设计环境，使得非计算机专业的工程技术人员也能够很快地学会使用，并在不断的实践中更好地理解它的各种特性和功能，掌握它的各种应用和开发技巧，从而不断提高工作效率。

（二）AutoCAD 软件的发展历程及应用

1. AutoCAD 软件的发展历程

从 1982 年 11 月首次推出的 AutoCAD 1.0 开始，AutoCAD 的发展可分为初级阶段、发展阶段、高级发展阶段、完善阶段和进一步完善阶段，在不同的阶段推出了不同的版本，几乎是每年一个版本，甚至每年推出两个版本，目前最新的版本为 AutoCAD 2016。

2. AutoCAD 软件的应用领域

AutoCAD 软件广泛应用于土木建筑、装饰装潢、城市规划、园林设计、电子电路、机械设计、服装鞋帽、航空航天、轻工化工等诸多领域。

在不同的行业中，Autodesk 开发了行业专用的版本和插件，在机械设计与制造行业中发行了 AutoCAD Mechanical 版本；在电子电路设计行业中发行了 AutoCAD Electrical 版本；在勘测、土方工程与道路设计行业中发行了 Autodesk Civil 3D 版本；而学校里教学、培训中所用的一般都是 AutoCAD 简体中文（Simplified Chinese）版本。一般没有特殊要求的服装、机械、电子、建筑行业的公司都是用的 AutoCAD Simplified 版本，所以 AutoCAD Simplified 基本上算是通用版本。

（三）AutoCAD 2014 简介

AutoCAD 2014 是 Autodesk 公司 2013 年推出的版本，相对于以前版本，AutoCAD 2014 简体中文版增加了以下新特性：

1. 增强连接性，提高合作设计效率

在 AutoCAD 2014 中集成有类似 QQ 一样的通信工具，可以在设计时，通过网络交互的方式和项目合作者分享，提高开发速度。

2. 支持 Windows 8

不用担心 Windows 8 是否支持 AutoCAD，最新的 AutoCAD 2014 能够在 Windows 8 中完美运行，并且增加了部分触屏特性。

3．动态地图

现实场景中建模可以将设计与实景地图相结合，在现实场景中建模，更精确地预览设计效果。

4．新增文件选项卡

如同 Office Tab 所实现的功能一样，AutoCAD 在 2014 版本中，增加此功能，更方便我们在不同设计中进行切换。

AutoCAD 文件的普通文件扩展名：*.dwg，备份文件扩展名：*.bak（把 bak 改成 dwg 后可直接打开），模板文件扩展名：*.dwt。

（四）AutoCAD 2014 的启动方法

1．方法一

安装完中文版 AutoCAD 2014 之后，在桌面上会创建一个 AutoCAD 2014 快捷方式图标，双击该图标即可启动软件。

2．方法二

选择"开始"|"程序"|Autodesk|AutoCAD 2014-Simplified Chinese| AutoCAD 2014 命令。

3．方法三

选择"开始"|"运行"命令，弹出"运行"对话框，在对话框中输入 AutoCAD 2014 的程序文件名及其路径，如 C：\Program Files\Autodesk\AutoCAD 2014\acad.exe，或单击对话框中的"浏览"按钮，按照 AutoCAD 2014 的安装路径找到运行程序 acad.exe，然后单击"确定"按钮，如图 1-1 所示。

图 1-1　启动"运行"对话框

（五）AutoCAD 2014 界面介绍

启动 AutoCAD 2014 后的默认界面如图 1-2 所示，

启动中文版 AutoCAD 2014 之后，将弹出一个"欢迎"窗口，如图 1-3 所示，其中介绍了 AutoCAD 2014 的新功能等各项内容，用户可以选择进行 AutoCAD 2014 的新功能学习。

图 1-2　AutoCAD 2014 的默认界面

图 1-3　"欢迎"窗口

　　单击界面左上角的"工作空间"按钮，打开"工作空间"选择菜单，从中选择"AutoCAD 经典"选项，如图 1-4 所示，系统转换到 AutoCAD 经典界面，如图 1-5 所示。本书中的所有操作均在 AutoCAD 经典模式下进行。

　　一个完整的 AutoCAD 经典操作界面包括标题栏、绘图区、坐标系图标、菜单栏、工具栏、命令行窗口、布局标签、状态栏和滚动条等。

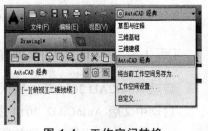

图 1-4　工作空间转换

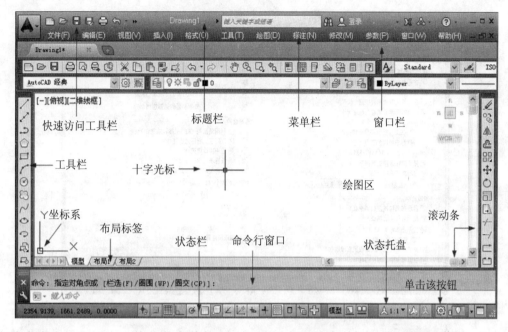

图 1-5　AutoCAD 经典界面

1. 标题栏

在 AutoCAD 2014 中文版绘图窗口的最上端是标题栏。在标题栏中，显示了系统当前正在运行的应用程序（AutoCAD 2014 和用户正在使用的图形文件）。在用户第一次启动 AutoCAD 时，在 AutoCAD 2014 绘图窗口的标题栏中，将显示 AutoCAD 2014 在启动时创建并打开的图形文件的名称 Drawing1.dwg，如图 1-6 所示。

图 1-6　启动 AutoCAD 时的标题栏

2. 绘图区

绘图区是指标题栏下方的大片空白区域，绘图区域是用户使用 AutoCAD 2014 绘制图形的区域，设计图形的主要工作都是在绘图区域中完成的。

在绘图区域中，还有一个作用类似光标的十字线，其交点反映了光标在当前坐标系中的位置。在 AutoCAD 2014 中，将该十字线称为光标，AutoCAD 通过光标显示当前点的位置。

1）修改图形窗口中十字光标的大小

光标的长度默认为屏幕大小的 5%，用户可以根据绘图的实际需要更改大小。改变光标大小的方法如下：

在绘图窗口中选择菜单栏中的"工具/选项"命令，将弹出"选项"对话框。打开"显示"选项卡，在"十字光标大小"文本框中直接输入数值，或者拖动编辑框后的滑块，即可对十字光标的大小进行调整，如图 1-7 所示。

图 1-7　"选项"对话框中的"显示"选项卡

此外，还可以通过设置系统变量 CURSORSIZE 的值来修改其大小，只需在命令行中输入 CURSORSIZE 命令，在提示下输入新值即可修改光标大小。

2）修改绘图窗口的颜色

在默认情况下，AutoCAD 2014 的绘图窗口是黑色背景、白色线条，这不符合大多数用户的习惯，因此修改绘图窗口颜色是大多数用户都需要进行的操作。

修改绘图窗口颜色的步骤如下。

（1）在如图 1-7 所示的选项卡中单击"窗口元素"区域中的"颜色"按钮，打开如图 1-8 所示的"图形窗口颜色"对话框。

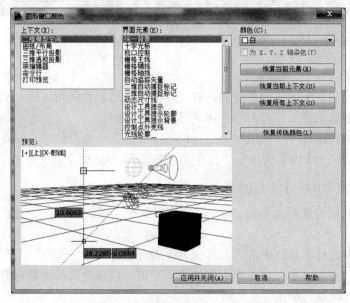

图 1-8　"图形窗口颜色"对话框

（2）单击"图形窗口颜色"对话框中"颜色"字样下边的下拉箭头，在打开的下拉列表中选择需要的窗口颜色，然后单击"应用并关闭"按钮，此时 AutoCAD 2014 的绘图窗口变成了窗口背景色，通常按视觉习惯选择白色为窗口颜色。

3．菜单栏

标题栏的下方是菜单栏，在菜单中包含的是子菜单。AutoCAD 2014 的菜单栏中包含 13 个菜单："文件""编辑""视图""插入""格式""工具""绘图""标注""修改""参数""窗口""帮助"和 Express，这些菜单几乎包含了 AutoCAD 的所有绘图命令。一般来讲，AutoCAD 菜单中的命令有以下 3 种。

1）带有子菜单的菜单命令

这种类型的菜单命令后面带有小三角形。例如，选择菜单栏中的"视图"命令，鼠标指针移向"动态观察"命令，系统就会进一步显示出"动态观察"子菜单中所包含的命令，如图 1-9 所示。

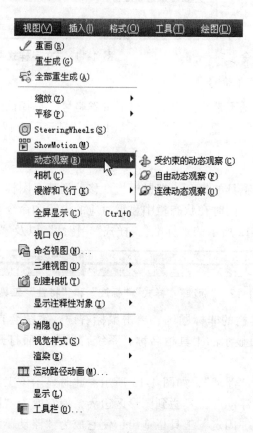

图 1-9　带有子菜单的菜单命令

2）弹出对话框的菜单命令

这种类型的命令后面带有省略号。例如，选择"格式"|"文字样式"命令，如图 1-10 所示，系统就会弹出"文字样式"对话框，如图 1-11 所示。

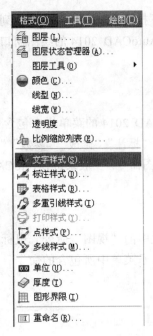

图 1-10 "文字样式"命令

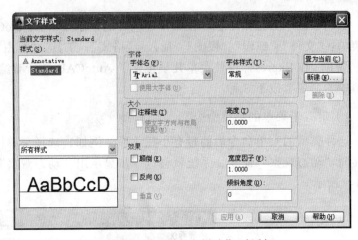

图 1-11 "文字样式"对话框

3）直接执行操作的菜单命令

这种类型的命令后面既不带小三角形，也不带省略号，选择该命令后将直接进行相应的操作。例如，选择"视图"|"重画"命令，系统将刷新显示所有视口。

4. 工具栏

工具栏是一组图标型工具的集合，把鼠标指针移动到某个图标上，稍停片刻即在该图标一侧显示相应的工具提示，同时在状态栏中显示对应的说明和命令名。此时，单击图标也可以启动相应命令。如图 1-12 所示的"标准""样式""特性"以及"图层"工具栏。

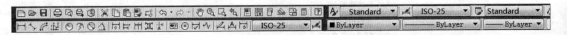

图 1-12 "标准""样式""标注"和"特性"工具栏

将指针放在任一工具栏的非标题区，单击鼠标右键，系统会自动打开单独的工具栏标签。单击某一个未在界面显示的工具栏名称，系统自动在界面打开该工具栏。反之，关闭工具栏。

工具栏可以在绘图区"浮动"，如图 1-13 所示。此时显示该工具栏标题，并可关闭该工具栏，用鼠标可以拖动"浮动"工具栏到图形区边界，使它变为"固定"工具栏，此时该工具栏标题隐藏。也可以把"固定"工具栏拖出，使它成为"浮动"工具栏。

在有些图标的右下角带有一个小三角，单击会打开相应的工具栏，将指针移动到某一图标上单击，该图标就为当前图标。单击当前图标，即可执行相应命令，如图 1-14 所示。

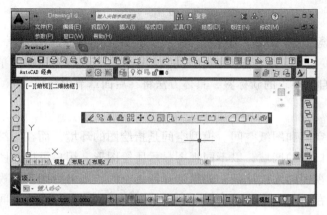

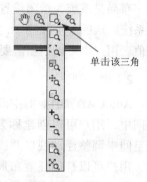

单击该三角

图 1-13 "浮动"工具栏   图 1-14 展开工具栏

5. 命令行窗口

命令行窗口是输入命令和显示命令提示的区域，默认的命令行窗口位于绘图区下方，是若干文本行，如图 1-15 所示。对于命令窗口有以下几点需要说明：

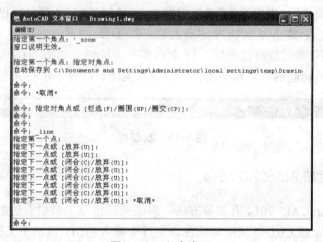

图 1-15 文本窗口

（1）移动拆分条，可以扩大与缩小命令窗口。

（2）可以拖动命令窗口，将其放置在屏幕上的其他位置。默认情况下，命令窗口位于图形窗口的下方。

（3）对当前命令窗口中输入的内容，可以按 F2 键用文本编辑的方法进行编辑。AutoCAD 2014 的文本窗口和命令窗口相似，它可以显示当前 AutoCAD 进程中命令的输入和执行过程，在 AutoCAD 2014 中执行某些命令时，它会自动切换到文本窗口，列出有关信息。

（4）AutoCAD 通过命令窗口，反馈各种信息，包括出错信息。因此，用户要时刻关注在命令窗口中出现的信息。

6. 布局标签

AutoCAD 2014 系统默认设定一个模型空间布局标签和"布局 1""布局 2"两个图纸空间布局标签。

1）布　局

布局是系统为绘图设置的一种环境，包括图纸大小、尺寸单位、角度设定、数值精确度等，在系统默认的 3 个标签中，这些环境变量都是默认设置。用户可以根据实际需要改变这些变量的值。用户也可以根据需要设置符合自己要求的新标签，具体方法将在后面章节中介绍。

2）模　型

AutoCAD 2014 的空间分为模型空间和图纸空间。模型空间是指绘图的环境，而在图纸空间中，用户可以创建称为"浮动视口"的区域，以不同视图显示所绘图形。用户可以在图纸空间中调整浮动视口并决定所包含视图的缩放比例。如果选择图纸空间，则可打印多个视图，用户可以打印任意布局的视图。在后面的章节中将详细地讲解有关模型空间与图纸空间的有关知识，请注意学习体会。

AutoCAD 2014 系统默认打开模型空间，用户可以单击选择需要的布局。

7. 状态栏

状态栏位于屏幕的底部，左端显示绘图区中光标定位点的坐标 X、Y、Z，在右侧依次有"推断约束""捕捉模式""栅格显示""正交模式""极轴追踪""对象捕捉""三维对象捕捉""对象捕捉追踪""允许/禁止动态 UCS""动态输入""显示/隐藏线宽""显示/隐藏透明度""快捷特性""选择循环"和"注释监视器"15 个功能开关按钮，如图 1-16 所示。单击这些开关按钮，可以实现这些功能的开启和关闭，灰色表示关闭，高亮表示打开。

图 1-16　状态栏

（六）退出中文版 AutoCAD 2014

退出中文版 AutoCAD 2014 有多种方法：单击交互信息工具栏右边的▣按钮；选择"文件"|"退出"命令；按 Ctrl+Q 快捷键或在命令行中输入 QUIT 退出中文版 AutoCAD 2014。

（七）AutoCAD 2014 的文件操作

AutoCAD 2014 的文件操作主要包括新建文件、打开已有文件、保存文件、删除文件等知识。

1. 新建文件

新建图形文件命令的调用方法有如下 3 种：

（1）在命令行中输入"NEW"命令。

（2）选择"文件/新建"命令。

（3）单击"标准"工具栏中的"新建"按钮▢。

执行上述命令后，系统弹出如图 1-17 所示的"选择样板"对话框，在"文件类型"下拉列表框中有 3 种格式的图形样板，分别是后缀.dwt、.dwg、.dws 的 3 种图形样板。一般情况下，.dwt

文件是标准的样板文件，通常将一些规定的标准性的样板文件设成.dwt 文件，.dwg 文件是普通的样板文件，而.dws 文件是包含标准图层、标注样式、线型和文字样式的样板文件。

图 1-17　"选择样板"对话框

另外还有一种快速创建图形的方法，该方法是创建新图形的最快捷的方法。在命令行中输入 QNEW，执行上述命令后，系统立即从所选的图形样板中创建新图形，而不显示任何对话框或提示。

在运行快速创建图形命令之前，还必须进行如下设置：

（1）在命令行中输入 FILEDIA，按 Enter 键，设置系统变量为 1；再在命令行中输入 STARTUP，按 Enter 键，设置系统变量为 0。

（2）选择"工具"|"选项"命令，在打开的"选项"对话框中选择默认的图形样板文件。具体方法是：在"文件"选项卡中，单击"样板设置"前面的"+"，在展开的选项列表中选择"快速新建的默认样板文件名"选项，如图 1-18 所示。单击"浏览"按钮，弹出"选择文件"对话框，然后选择需要的样板文件，单击"确定"按钮，完成设置。

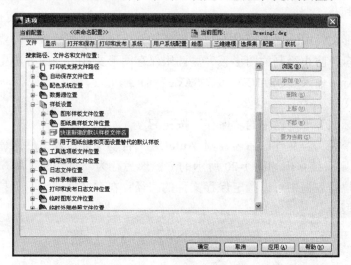

图 1-18　"文件"选项卡

2. 打开文件

如需对计算机中已有的图形文件进行编辑，则首先必须将其打开。打开图形文件的命令主要有如下 3 种：

（1）在命令行中输入"OPEN"命令。

（2）选择"文件/打开"命令。

（3）单击"标准"工具栏中的"打开"按钮 🗁。

执行上述命令后，系统弹出如图 1-19 所示的"选择文件"对话框，在"文件类型"下拉列表框中用户可选.dwg 文件、.dwt 文件、.dxf 文件和.dws 文件。.dxf 文件是用文本形式存储的图形文件，能够被其他程序读取，许多第三方应用软件都支持.dxf 格式。

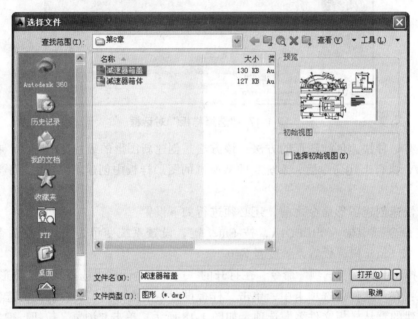

图 1-19 "选择文件"对话框

3. 保存文件

在新建的图形文件中绘制图形时，为了避免计算机出现意外故障，需要使用保存命令对当前图形进行存盘，防止绘制的图形丢失。调用保存图形文件命令的方法主要有如下 3 种：

（1）在命令行中输入"QSAVE"或"SAVE"命令。

（2）选择"文件/保存"命令。

（3）单击"标准"工具栏中的"保存"按钮 🖫。

执行上述命令后，若文件已命名，则 AutoCAD 自动保存；若文件未命名（即为默认名 drawing1.dwg），则系统弹出如图 1-20 所示的"图形另存为"对话框，用户可以命名保存。在"保存于"下拉列表框中可以指定保存文件的路径；在"文件类型"下拉列表框中可以指定保存文件的类型。

图 1-20 "图形另存为"对话框

4. 另存为

打开的已有图形进行修改后，可用另存命令对其进行改名存储。调用另存图形文件命令的方法主要有如下 2 种：

（1）在命令行中输入"SAVEAS"命令。

（2）选择"文件/另存为"命令。

执行上述命令后，系统弹出如图 1-20 所示的"图形另存为"对话框，AutoCAD 2014 将图形用其他名称保存。

三、练一练

打开 AutoCAD 2014 软件，如果是初次保存文件，可直接点击保存，弹出对话框，在对话框中输入自己的姓名，选择桌面，点击保存。点击文件中的另存为，弹出对话框，选择 D 盘保存。

四、课外拓展

（1）了解 AutoCAD 软件版本的发展历程及各版本的特点。

（2）了解 AutoCAD 2014 软件的新特性和新功能。

项目二　二维图形的绘制

【项目目标】

1. 能选择不同的方式打开相同的命令；
2. 能熟练地掌握各种绘图命令的功能和操作；
3. 会使用各种绘制命令绘制平面图形；
4. 能正确设置绘图环境并能绘制复杂平面图形。

任务一　利用直线命令绘制图形

一、任务描述

已知 *A* 点坐标为（100，100），根据图 2-1 所示尺寸绘制图形。

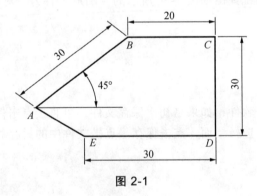

图 2-1

二、相关知识

（一）坐标系

点的坐标可以使用绝对直角坐标、绝对极坐标、相对直角坐标和相对极坐标表示。

1. 绝对直角坐标

绝对直角坐标：是从（0，0）出发的位移，可以使用分数、小数等形式表示点的 X、Y、

Z 坐标值，坐标间用逗号隔开，如（8.0，6.7）、（11.5，5.0，9.4）等。

2．绝对极坐标

绝对极坐标：也是从（0，0）出发的位移，但它给定的是距离和角度，其中距离和角度用"<"分开，且规定 X 轴正向为 0°，Y 轴正向为 90°，长度 < 角度，如 15 < 65、8 < 30 都是合法的绝对极坐标。

3．相对直角坐标和相对极坐标

相对直角坐标和相对极坐标：是指目标点相对于上一点的 X 轴和 Y 轴位移，或距离和角度。它的输入方法是在绝对坐标表达式前加"@"符号，如"@4，7"和"@16 < 30"等。

（二）直线命令

启动命令
命令行：在命令行中输入 Line 或 L
菜单栏：在"绘图"下拉菜单中选择"直线"
工具栏：在"绘图"工具栏中点击 ╱ 按钮

三、任务实施

用直线命令绘制图 2-1 所示的图形。
命令：Line
指定第一点：100，100（使用绝对直角坐标绘制 A 点）
指定下一点【放弃(U)】：@30 < 45（用相对极坐标方式绘制 B 点）
指定下一点【放弃(U)】：@20，0（用相对直角坐标方式绘制 C 点）
指定下一点【闭合(C)放弃(U)】：@0，-30（用相对直角坐标方式绘制 D 点）
指定下一点【闭合(C)放弃(U)】：@-30，0（用相对直角坐标方式绘制 E 点）
指定下一点【闭合(C)放弃(U)】：C（封闭）

四、练一练

绘制图 2-2、2-3、2-4、2-5 所示图形。

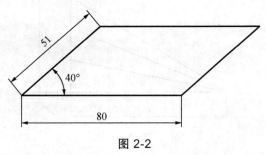

图 2-2

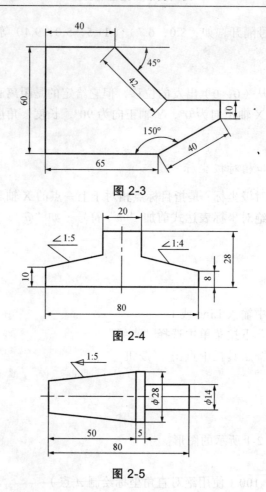

图 2-3

图 2-4

图 2-5

任务二　用点命令绘制图形

一、任务描述

根据图 2-6 所示尺寸绘制图形。

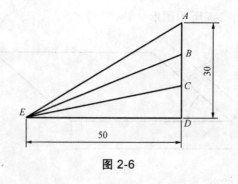

图 2-6

二、相关知识

（一）设置点的样式

1. 命令调用

命令行：在命令行中输入 Ddptype
菜单栏：在"格式"下拉菜单中选择"点样式"

2. 操作步骤

激活命令后，屏幕弹出如图 2-7 所示的"点样式"对话框，从中可以对点样式和点的大小进行设置。默认的情况下是小圆点样式。

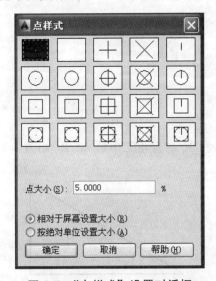

图 2-7　"点样式"设置对话框

3. "点样式"对话框中"点大小"的设置

设置点的显示大小：可以相对于屏幕设置点的大小，也可以用绝对单位设置点的大小。AutoCAD 将点的显示大小存储在 PDSIZE 系统变量中。以后绘制的点对象将使用新值。

1）相对于屏幕设置大小

按屏幕尺寸的百分比设置点的显示大小。当进行缩放时，点的显示大小并不改变。

2）按绝对单位设置大小

按"点大小"下指定的实际单位设置点显示的大小。当进行缩放时，AutoCAD 显示的点的大小随之改变。

（二）绘制点

命令调用
命令行：在命令行中输入 Point 或 Po

菜单栏：在"绘图"下拉菜单选择"点"
工具栏：在"绘图"工具栏点击 ▪

（三）定数等分点与定距等分点

1. 定数等分点

命令调用
命令行：Divide/Div
菜单栏："绘图"｜"点"｜"定数等分"

2. 定距等分点

命令调用
命令行：Measure/Me
菜单栏："绘图"｜"点"｜"定距等分"

三、任务实施

（1）绘制直角边长为 50 和 30 的直角三角形 *AED*，如图 2-8 所示。

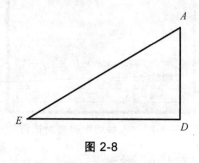

图 2-8

（2）执行设置点样式命令，设置点样式为+。

（3）执行定数等分点命令，选择 *AD* 为对象，在输入线段数目中输入 3，如图 2-9 所示，结果如图 2-10 所示。

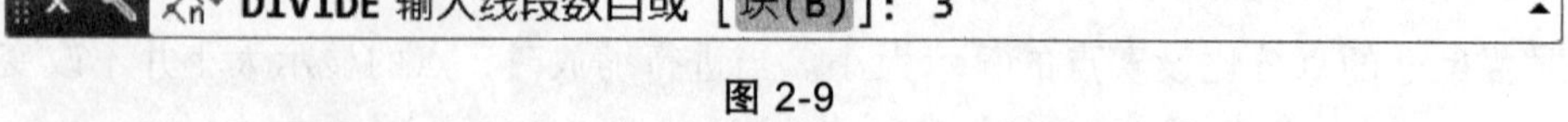

× 🔧 🟰 DIVIDE 输入线段数目或 [块(B)]: 3   ▲

图 2-9

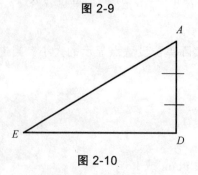

图 2-10

（4）执行直线命令，分别连接 *EB*，*EC*，将点样式改为点，结果如图 2-6 所示。

四、练一练

用点命令绘制图 2-11 所示。

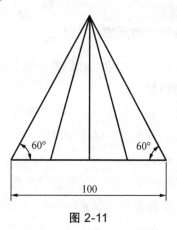

图 2-11

任务三　用矩形命令绘制图形

一、任务描述

绘制图 2-12 所示图形。

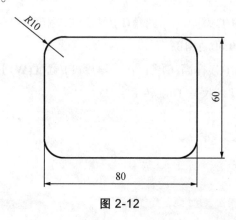

图 2-12

二、相关知识

命令调用

命令行：Rectang（或 Rec）

菜单栏："绘图" | "矩形"

工具栏："绘图" | " ▢ "

激活命令后，命令行提示：

指定第一个角点或 [倒角(C)/标高(E)/圆角(F)/厚度(T)/宽度(W)]：

▢· RECTANG 指定另一个角点或 [面积(A) 尺寸(D) 旋转(R)]：

默认情况下，指定两个点决定矩形对角点的位置，矩形的边平行于当前坐标轴的 X 轴和 Y 轴。命令提示中其他选项的功能如下：

【倒角(C)】绘制一个带倒角的矩形，此时需要指定矩形的两个倒角距离。

【标高(E)】指定矩形所在的平面宽度。默认情况下，矩形在 XY 平面内，该选项一般用于三维绘图。

【圆角(F)】绘制一个带圆角的矩形，此时需要指定矩形的圆角半径。

【厚度(T)】按已设定的厚度绘制矩形，该选项一般用于三维绘图。

【宽度(W)】指定矩形的线宽，按已设定的宽度绘制矩形。

【面积(A)】通过指定矩形的面积和长度（或宽度）绘制矩形。

【尺寸(D)】通过指定矩形的长度、宽度和矩形另一角点的方向绘制矩形。

【旋转(R)】通过指定旋转的角度和拾取两个参考点绘制矩形。

三、任务实施

命令：Rectang

指定第一个角点【倒角(C)/标高(E)/圆角(F)/厚度(T)/宽度(W)】：F；

指定矩形的圆角半径<0.00>：10；

指定第一个角点【倒角(C)/标高(E)/圆角(F)/厚度(T)/宽度(W)】：给出矩形的第 1 角点

指定另一角点或【面积 A|尺寸 D|旋转 R】：D

制定矩形的长度<0.00>：80

制定矩形的宽度<0.00>：60

结果如图 2-12 所示。

四、练一练

绘制图 2-13 所示的圆角矩形。

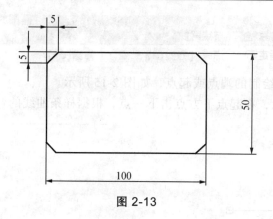

图 2-13

任务四　用样条曲线命令绘制图形

一、任务描述

根据尺寸绘制图 2-14。

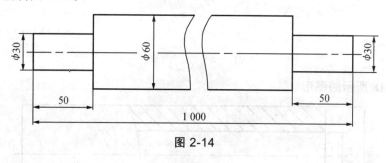

图 2-14

二、相关知识

利用样条曲线命令可绘制缩略图、局部图等多种需要画波浪线的图形。
命令调用
命令行：Spline（或 Spl）
菜单栏："绘图" | "样条曲线"
工具栏："绘图" | "～"

三、任务实施

（1）激活命令后，命令行提示：

```
命令：_spline
当前设置：方式=拟合　　节点=弦
```
SPLINE 指定第一个点或 [方式(M) 节点(K) 对象(O)]：

（2）捕捉到要开始绘制的端点或起点，如图 2-15 所示。

（3）如图 2-16 所示，在起点下方点击下一点，根据样条曲线的弯曲度自定义。

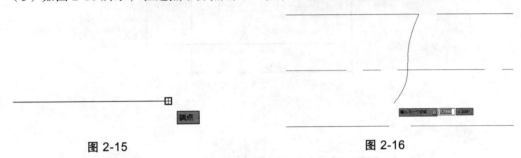

图 2-15　　　　　　　　　　　　　　　　　图 2-16

（4）完成图形如图 2-17 所示。

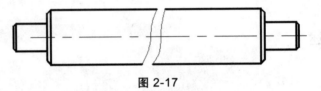

图 2-17

四、练一练

绘制图 2-18 所示的图形。

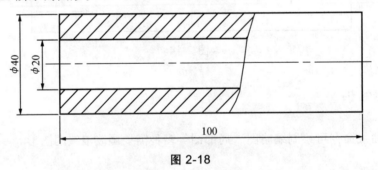

图 2-18

任务五　用圆命令绘制图形

一、任务描述

根据图 2-19 所示尺寸绘制图形。

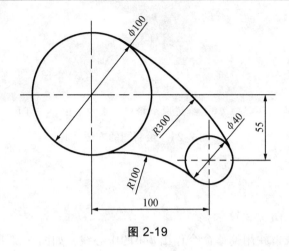

图 2-19

二、相关知识

在 AutoCAD 中，使用 CIRCLE 命令可绘制圆，使用 ARC 命令可绘制圆弧。在平面几何中，绘制圆和圆弧的方法有多种，同样，在 AutoCAD 中，也可使用多种方法绘制圆和圆弧。

命令调用

命令行：Circle 或 C

菜单栏："绘图"|"圆"

工具栏："绘图"|"⊙"

在 AutoCAD 中，系统提供了 6 种画圆的方法，如图 2-20、2-21 所示。

图 2-20　圆命令对话框

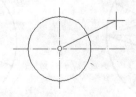

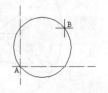

（a）给定圆心和半径　　　　（b）给定圆心和直径　　　　（c）给定两点

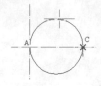
（d）给定三点

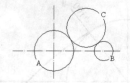
（e）给定两个相切对象和半径

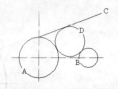
（f）给定三个相切对象

图 2-21　绘制圆的方法

三、任务实施

用圆命令绘制图 2-19 所示的图形。

（1）画 $\phi100$ 中心线，并用偏移命令作出 $\phi40$ 的中心线，如图 2-22 所示。

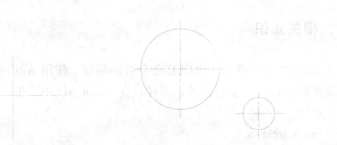

图 2-22　绘制中心线　　　　　　　　　　图 2-23　绘制已知圆

（2）分别绘制 $\phi100$ 和 $\phi40$ 两已知圆，如图 2-23 所示。

（3）画 R100 的连接圆弧。

```
命令：
命令：_circle
指定圆的圆心或 [三点(3P)/两点(2P)/切点、切点、半径(T)]: t
指定对象与圆的第一个切点：
指定对象与圆的第二个切点：
指定圆的半径 <98.3006>: 100
```

（4）以同样的方法绘制 R300 的圆弧，修剪图形，完成图形。

四、练一练

绘制图 2-24、2-25、2-26、2-27 所示的图形。

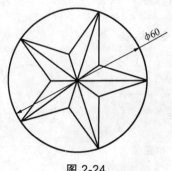

图 2-24

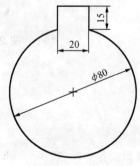

图 2-25

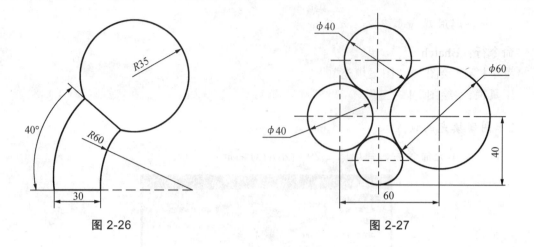

图 2-26　　　　　　　　　　　　　图 2-27

任务六　用图案填充命令绘制图形

一、任务描述

根据图 2-28 所示尺寸绘制图形。

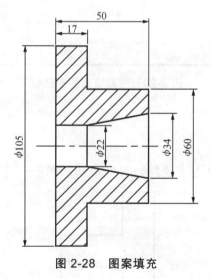

图 2-28　图案填充

二、相关知识

图案填充是使用一种图案来填充某一区域。在机械图样中，常用剖面符号表达一个剖切的区域，如图 2-28 所示，也可以使用不同的填充图案来表达不同的零件或材料。

图案填充是在一个封闭的区域内进行，围成填充区域的边界叫填充边界。

1. 命令调用

命令行：Bhatch
菜单栏："绘图"｜"图案填充"
工具栏："绘图"｜" "

2. 图案填充的设置

执行图案填充命令后，弹出图 2-29 所示的对话框。

图 2-29　图案填充的对话框

三、任务实施

（1）根据尺寸（参见图 2-28）绘制如图 2-30 所示图形。

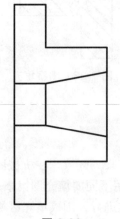

图 2-30

（2）执行图案填充命令，如图 2-31 所示选择填充类型，填充类型选择 ANSI31，默认为 45° 的倾斜细实线，角度不用选择。

（3）拾取需要填充的内部点，选择填充比例，预览确认无误完成图形。

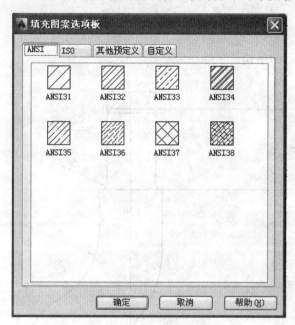

图 2-31　图案填充选项板

四、练一练

根据尺寸绘制图 2-32 所示图形。

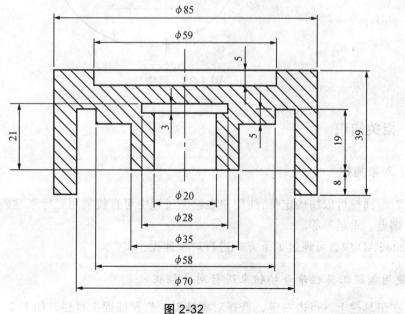

图 2-32

任务七　综合绘制平面图形

一、任务描述

绘制图形 2-33 所示的吊钩。

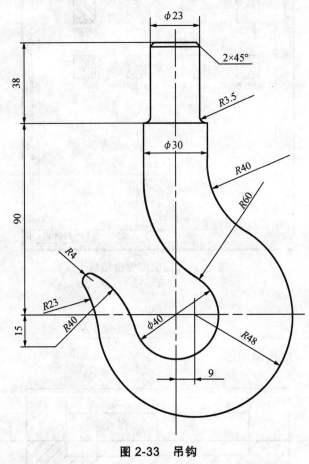

图 2-33　吊钩

二、相关知识

（一）对象捕捉

使用对象捕捉可以精确定位,使用户在绘图过程中可直接利用光标来准确地确定目标点,如圆心、端点、垂足等等。

在 AutoCAD 中,可通过如下方式进行对象捕捉:

1. 使用捕捉工具栏命令按钮来进行对象捕捉

（1）在工具栏上,点击右键,选择对象捕捉,打开捕捉工具栏,如图 2-34 所示。

图 2-34 辅助工具按钮

（2）单击工具栏中相应的特征点，再把光标移到要捕捉对象上，即可捕捉到该特征点。

2. 使用捕捉快捷菜单命令来进行对象捕捉

在绘图时，当系统要求用户指定一个点时，可按 Shift 键（或 Ctrl 键）并同时在绘图区右击，系统弹出对象捕捉快捷菜单，在该菜单上选择需要的捕捉命令，再把光标移到要捕捉对象的特征点附近，即可以选择现有对象上的所需特征点。

3. 栅格捕捉

利用栅格捕捉，可以使光标在绘图窗口按指定的步距移动，就像在绘图屏幕上隐含分布着按指定行间距和列间距排列的栅格点，这些栅格点对光标有吸附作用，即能够捕捉光标，使光标只能落在由这些点确定的位置上，从而使光标只能按指定的步距移动。

利用"草图设置"对话框中的"捕捉和栅格"选项卡可进行栅格捕捉与栅格显示方面的设置。

（二）图层设置

1. 图层特性管理器

图层特性管理器可以添加、删除和重命名图层，更改图层特性。可控制将在列表中显示的图层，也可以用于同时更改多个图层。

图层特性管理器操作步骤：

（1）执行"格式"｜"图层"菜单命令。

（2）在命令行中输入：LAYER。

（3）使用快捷键 Alt + O + L。

弹出图层特性管理器如图 2-35 所示。

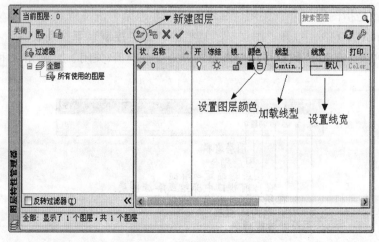

图 2-35 图层特性管理器

　　可在图层特性管理器中新建不同的图层，设置图层的颜色、线型、线宽等。点击图层特性管理器中的线型，弹出如图 2-36 所示的选择线型对话框，点击加载，弹出如图 2-37 所示的对话框，我们就可根据图 2-37 选择不同的线型。

图 2-36　选择线型

图 2-37　线型加载

2. 设置图层状态

　　图层状态，是指图层打开、关闭，加锁、解锁和冻结、解冻等状态。具体操作步骤是：

　　（1）在 AutoCAD 中，打开"图层"工具栏的"图层控制"下拉列表。

　　（2）单击列表中的特征图标可控制图层的状态，如打开/关闭、加锁/解锁和冻结/解冻等，如图 2-38 所示。

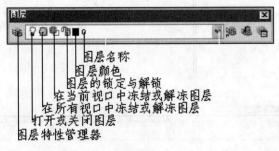

图 2-38

有关项目的含义是：

开/关图层：图层打开时，可显示和编辑图层上的内容；图层关闭时，图层上的内容被全部隐藏，且不可被编辑或打印。切换图层的开/关状态时不会重新生成图形。

冻结/解冻图层：冻结图层时，图层上的内容全部隐藏，且不可被编辑或打印，从而可减少复杂图形的重生成时间。已冻结图层上的对象不可见，并且不会遮盖其他对象。解冻一个或多个图层将导致重新生成图形。冻结和解冻图层比打开和关闭图层需要更多的时间。

锁定/解锁：锁定图层时，图层上的内容仍然可见，并且能够捕捉或添加新对象，但不能被编辑和修改。

三、任务实施

（一）设置绘图环境

设置绘图环境包括图纸界限、图层（线型、颜色、线宽）等的设置。按图 2-33 所给的图形尺寸，图纸应设置为 A4（210×297）大小竖放，图层至少包括中心线层、轮廓线层、尺寸线层（暂时不用，可不用设置）等。

（二）设置对象捕捉

在状态栏的"对象捕捉"按钮上单击鼠标右键，选择"设置…"，在弹出的"草图设置"对话框中，选择"交点""切点""圆心""端点"，并启用对象捕捉，单击"确定"按钮。

（三）设置图层

按图形要求，打开"图形特性管理器"，如图 2-39 所示，设置以下图层、颜色、线型和线宽：

图层名	颜色	线型	线宽
轮廓	白色	Continuous	线宽为 0.5 mm
中心线	红色	CENTER	线宽默认
尺寸线	品红	Continuous	线宽默认

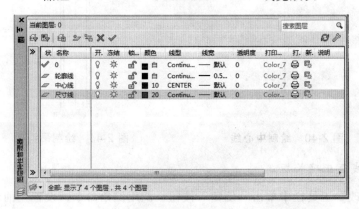

图 2-39　图层设置

（四）绘图步骤

1. 绘制中心线

1）选择图层

通过"图层"工具栏，将"中心线"层设置为当前层。单击"图层"工具栏图层列表后的下拉按钮，在中心线层上单击，则中心线层为当前层。

2）绘制垂直中心线 AB 和水平中心线 CD

打开正交，调用直线命令，在屏幕中上部单击，确定 A 点，绘制出垂直中心线 AB。在合适的位置绘制出水平直线 CD，如图 2-40 所示。

2. 绘制吊钩柄部直线

柄的上部直径为 23，下部直径为 30，可以用中心线向左右各偏移的方法获得轮廓线，两条钩子的水平端面线也可用偏移水平中心线的方法获得。

（1）在编辑工具栏中单击"偏移"按钮，调用偏移命令，将直线 AB 分别向左右偏移 11.5 和 15 单位，获得直线 JK、MN 及 QR、OP；将 CD 向上偏移 90 个单位获得直线 EF，再将刚偏移所得直线 EF 向上偏移 38 个单位，获得直线 GH。

（2）在偏移的过程中，读者会注意到，偏移所得到的直线均为点画线，因为偏移实质是一种特殊的复制，不但复制出元素的几何特征，同时也会复制出元素的特性。因此要将复制出的图线改变到轮廓线层上。

选择刚刚偏移所得到的直线 JK、MN、QR、OP、EF、GH，然后打开"图层工具栏"中图层控制列表，在列表框中的"轮廓"层上单击，再按 ESC 键，完成图层的转换，结果如图 2-41 所示。也可通过"特性工具栏"完成图层的转换。

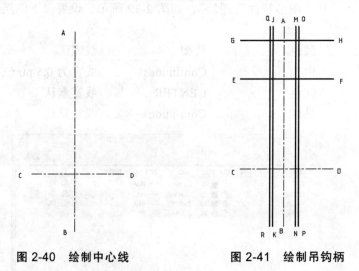

图 2-40　绘制中心线　　　　　图 2-41　绘制吊钩柄

3. 修剪图线至正确长短

（1）在"修改"工具栏中单击"倒角"按钮，调用倒角命令，设置当前倒角距离 1 和 2 的值均为 2 个单位，将直线 GH 与 JK、MN 倒 45° 角。再设置当前倒角距离 1 和 2 的值均为

0，将直线 EF 与 QR、OP 倒直角。完成的图形如图 2-42 所示。

（2）在"修改"工具栏中单击"修剪"按钮，调用修剪命令，以 EF 为剪切边界，修剪掉 JK 和 MN 直线的下部。完成图形如图 2-43 所示。

（3）调整线段的长短。在"修改"工具栏中单击"打断"按钮，调用打断命令，将 QR、OP 直线的下部剪掉。也可用夹点编辑方法调整线段的长短。完成图形如图 2-43 所示。

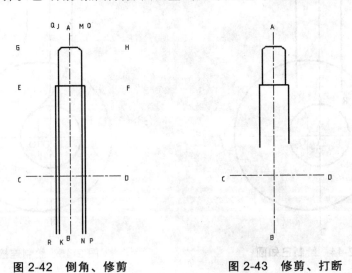

图 2-42　倒角、修剪　　　　　图 2-43　修剪、打断

4. 绘制已知线段

（1）将"轮廓"层作为当前层，调用直线命令，启动对象捕捉功能，绘制直线 ST。

（2）调用圆命令，以直线 AB、CD 的交点 O_1 为圆心，绘制直径为 $\phi40$ 的已知圆。

（3）确定半径为 48 的圆的圆心。调用偏移命令，将直线 AB 向右偏移 9 个单位，再将偏移后的直线调整到合适的长度，该直线与直线 AB 的交点为 O_2。

（4）调用圆命令，以交点 O_2 为圆心，绘制半径为 48 的圆。完成的图形如图 2-44 所示。

5. 绘制连接弧 R40 和 R60

在"修改"工具栏中单击"圆角"按钮，调用圆角命令，给定圆角半径为 40，在直线 OP 上单击作为第一个对象，在半径为 R48 圆的右上部单击，作为第二个对象，完成 R40 圆弧连接。

同理，以 R60 为半径，完成直线 QR 和直径为 $\phi40$ 圆的圆弧连接，结果如图 2-45 所示。

6. 绘制钩尖半径为 R40 的圆弧

因为 R40 圆弧的圆心纵坐标轨迹已知（距 CD 直线向下为 15 的直线上），另一坐标未知，所以属于中间圆弧。又因该圆弧与直径为 $\phi40$ 的圆相外切，可以用外切原理求出圆心坐标轨迹。两圆心轨迹的交点即是圆心点。

1）确定圆心

调用偏移命令，将 CD 直线向下偏移 15 个单位，得到直线 XY。

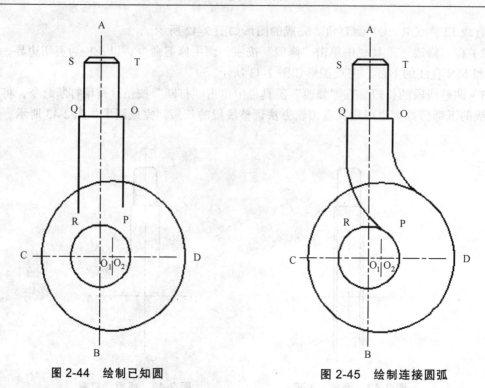

图 2-44　绘制已知圆　　　　　　　　图 2-45　绘制连接圆弧

再调用偏移命令，将直径为 $\phi 40$ 的圆向外偏移 40 个单位，得到与 $\phi 40$ 相外切的圆的圆心轨迹。圆与直线 XY 的交点 O_3 为连接弧圆心。

2）绘制连接圆弧

调用圆命令，以 O_3 为圆心，绘制半径为 40 的圆，结果如图 2-46 所示。

7. 绘制钩尖处半径为 $R23$ 的圆弧

因为 $R23$ 圆弧的圆心在直线 CD 上，另一坐标未知，所以该圆弧属于中间圆弧。又因该圆弧与半径为 $R48$ 的圆弧相外切，可以用外切原理求出圆心坐标轨迹。同前面一样，两圆心轨迹的交点即是圆心点。

（1）调用偏移命令，将直径为 $\phi 40$ 的圆向外偏移 23 个单位，得到与 $\phi 40$ 相外切的圆的圆心轨迹。该圆与直线 CD 的交点 O_4 为连接弧圆心。

（2）调用圆命令，以 O_4 为圆心，绘制半径为 $R23$ 的圆，结果如图 2-47 所示。

8. 绘制钩尖处半径为 $R4$ 的圆弧

$R4$ 圆弧与 $R23$ 圆弧相外切，同时又与 $R40$ 的圆弧相内切，因此可以用圆角命令绘制。

调用圆角命令，给出圆角半径为 4 个单位，在半径为 $R23$ 的圆上右偏上位置单击，作为第一个对象，在半径为 $R40$ 的圆上右偏上单击，作为第二个圆角对象，结果如图 2-48 中云纹线中所示。

9. 编辑修剪图形

（1）删除两个辅助圆。

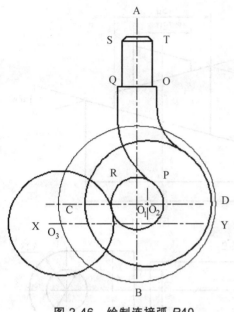

图 2-46　绘制连接弧 *R*40

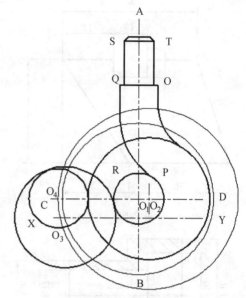

图 2-47　绘制连接弧 *R*23

（2）修剪各圆和圆弧成合适的长短。

（3）用夹点编辑或打断的方法调整中心线的长度，完成的图形如图 2-49 所示。

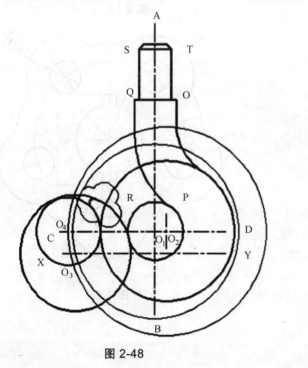

图 2-48

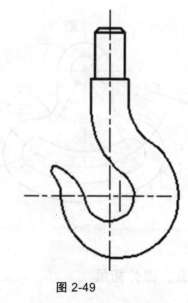

图 2-49

四、练一练

绘制图 2-50 ~ 图 2-55 所示的平面图。

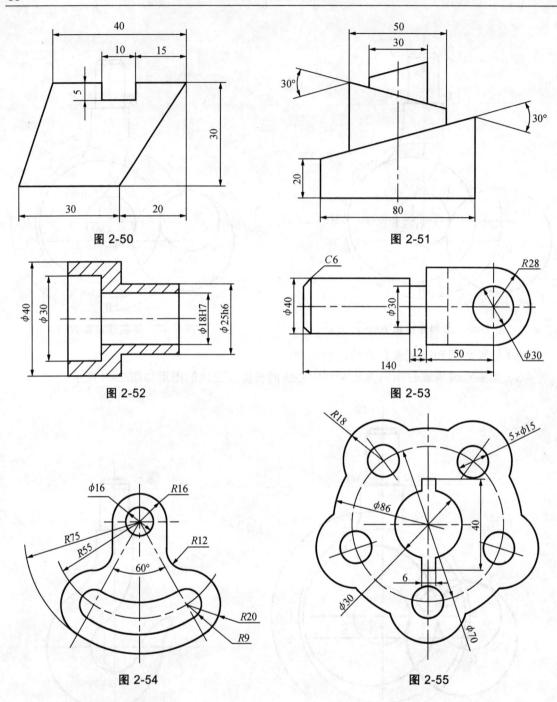

图 2-50

图 2-51

图 2-52

图 2-53

图 2-54

图 2-55

五、课外拓展

（1）构造线、多段线、多边形、椭圆相关知识的学习。

（2）文字、表格的学习。

项目三 二维图形的标注

【项目目标】

1. 能对零件的不同对象要素进行尺寸标注;
2. 了解标注样式的规则;
3. 熟练按照国家标准创建标注样式;
4. 掌握编辑标注尺寸的方法。

任务一 在图形中标注尺寸

一、任务描述

打开轴承座零件图,对该零件的各尺寸进行完整、正确的标注。标注完成后零件图应如图 3-1 所示,图中关于粗糙度的标注将在"块"工具中单独介绍,本项目中不对粗糙度进行标注。

二、相关知识

1. AutoCAD 尺寸标注概述

尺寸标注能准确无误地反映物体的形状大小和相互位置关系,是工程制图的重要环节。AutoCAD 包含了一套完整的尺寸标注工具,可以轻松完成图纸中要求的尺寸标注。

2. 尺寸标注的规则

(1)物体的真实大小应以图样上所标注的尺寸数值为依据,与图形的大小及绘图的准确度无关。

(2)图样中的尺寸以 mm 为单位时,不需要标注计量单位的代号或名称。

(3)图样中所标注的尺寸为该图样所表示的物体的最后完工尺寸,否则另加说明。

3. 尺寸标注的组成要素

尺寸标注的类型和外观多样,但绝大多数都包含标注文字、尺寸线、尺寸界线、尺寸线的端点符号及起点。

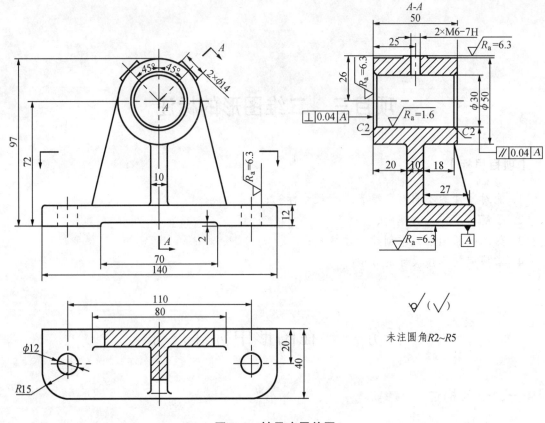

图 3-1 轴承座零件图

4. 标注样式

尺寸标注包括尺寸线、尺寸界线、尺寸文本、箭头等内容，不同行业的图样，标注尺寸时对这些内容的要求是不同的。而同一图样，又要求尺寸标注的形式相同、风格一样，这就是尺寸标注样式。要做到尺寸标注正确，作图前或标注时需要对尺寸标注样式进行设置。

标注样式控制着标注的格式和外观，使用标注样式可以建立和强制执行图形的绘图标准。

1）准备过程

一般来说，用户在对所建立的每个图形进行标注之前，均应遵守下面的基本过程：

（1）为了便于将来控制尺寸标注对象的显示与隐藏，应为尺寸标注创建一个或多个独立的图层，使之与图形的其他信息分开。

（2）为尺寸标注文本建立专门的文本类型。按照我国对机械制图中尺寸标注数字的要求，应在"格式"|"文字样式"中将字体设为斜体（Italic）。为了能在尺寸标注时随时修改标注文字的高度，应将"高度"设置为0。因为我国要求字体的高宽比为2/3，所以将"宽度因子"设置为0.67，如图3-2所示。

（2）充分利用对象捕捉方法，以便快速拾取定义点。

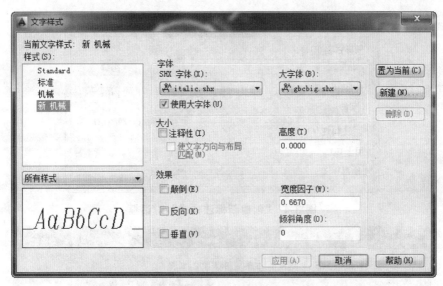

图3-2　"文字样式"对话框

2）新建标注样式

选择"格式"｜"标注样式"（或"标注"｜"标注样式"）命令，打开"标注样式管理器"对话框，如图3-3所示。单击"新建"按钮，在打开的创建新标注样式对话框中输入创建的新标注样式，如图3-4所示。

设置了新标注样式的名称、基础样式和适用范围之后单击"继续"按钮，打开新建标注样式，可以对标注线、符号、箭头、文字、单位等内容进行修改，如图3-5所示。

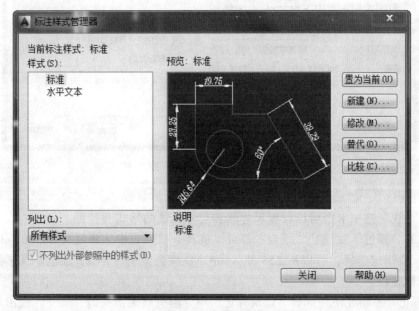

图3-3　"标注样式管理器"对话框

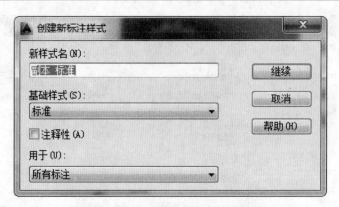

图 3-4 "创建新标注样式"对话框

图 3-5 "新建标注样式"对话框

3）设置标注样式

（1）在"线"选项卡中可以设置尺寸线和尺寸界线的格式和特征。

尺寸线的"颜色""线型""线宽"都可以从其下拉列表中选择随块（ByBlock）、随图层（ByLayer），或指定选择，可以从 255 种 AutoCAD 颜色索引（ACI）颜色、真彩色和配色系统颜色中选择颜色。

"超出标记"控制在使用倾斜、建筑标记、积分箭头或无箭头时，尺寸线超出尺寸界线外面的长度。

"基线间距"控制使用基线型标注时，两条尺寸线之间的距离，如图 3-6 所示。

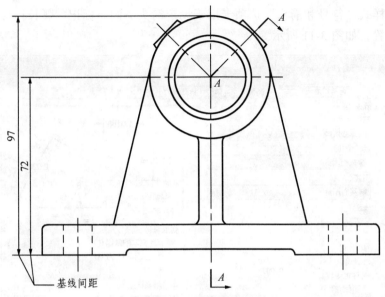

图 3-6　基线间距

尺寸线"隐藏"选项用来控制尺寸线及端部箭头是否隐藏，两个复选框分别控制尺寸线1 及尺寸线 2，如图 3-7 所示。

尺寸界线的"颜色""线型""线宽"都可以从其下拉列表中选择随块（ByBlock）、随图层（ByLayer），或指定选择类型。

尺寸界线"隐藏"选项，"尺寸界线 1"不显示第一条尺寸界线，"尺寸界线 2"不显示第二条尺寸界线，如图 3-8 所示。

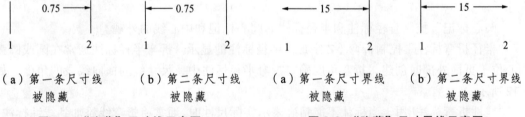

（a）第一条尺寸线　　（b）第二条尺寸线　　　（a）第一条尺寸界线　（b）第二条尺寸界线
　　　被隐藏　　　　　　　　被隐藏　　　　　　　　被隐藏　　　　　　　　被隐藏
图 3-7　"隐藏"尺寸线示意图　　　　　　图 3-8　"隐藏"尺寸界线示意图

"超出尺寸线"用于指定尺寸界线超出尺寸线的距离，如图 3-9 所示。

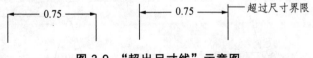

图 3-9　"超出尺寸线"示意图

"起点偏移量"用于设定自图形中定义标注的点到尺寸界线的偏移距离，如图 3-10 所示。

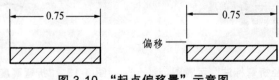

图 3-10　"起点偏移量"示意图

（2）标注样式"符号和箭头"选项卡用于设定箭头、圆心标记、弧长符号和折弯半径标注的格式和位置，如图 3-11 所示。

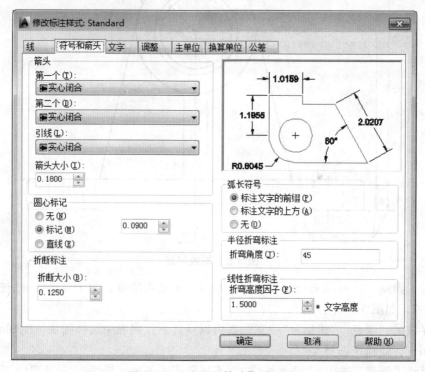

图 3-11 "符号和箭头"选项卡

"箭头"可以分别设置第一个、第二个尺寸线和引线的箭头样式，还可以设定箭头的显示大小。

"圆心标记"控制直径标注和半径标注的圆心标记和中心线的外观。

"半径折弯标注"控制折弯（Z 字形）半径标注的显示。折弯半径标注通常在圆或圆弧的圆心位于页面外部时创建。折弯角度确定折弯半径标注中，尺寸线的横向线段的角度，如图 3-12 所示。

"线性折弯标注"用于当标注不能精确表示实际尺寸时，通常将折弯线添加到线性标注中。通常，实际尺寸比所需值小。"折弯高度因子"通过形成折弯的角度的两个顶点之间的距离确定折弯高度，如图 3-13 所示。

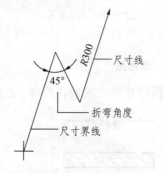

图 3-12 "半径折弯标注"示意图

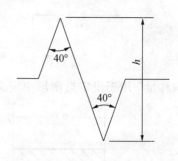

图 3-13 "折弯高度因子"示意

（3）标注样式"文字"选项卡用于设定标注文字的外观格式、放置位置和对齐方式，如图 3-14 所示。

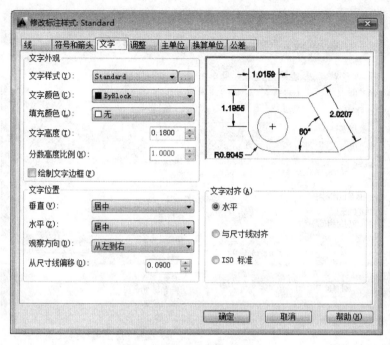

图 3-14 "文字"选项卡

（4）标注样式"调整"选项卡用于控制标注文字、箭头、引线和尺寸线的放置方式，如图 3-15 所示。

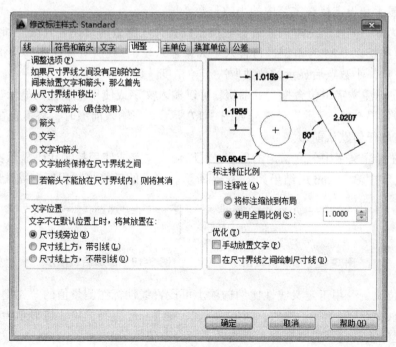

图 3-15 标注样式"调整"选项卡

（5）标注样式"主单位"选项卡用于设定主标注单位的格式和精度，并设定标注文字的前缀和后缀，如图 3-16 所示。

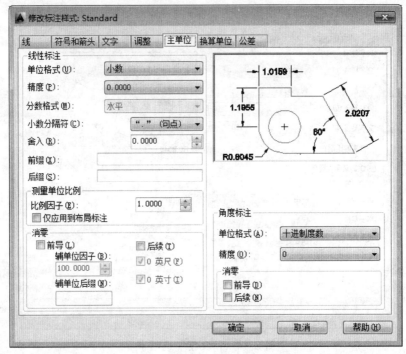

图 3-16　标注样式"主单位"选项卡

"单位格式"设定除角度之外的所有标注类型的当前单位格式。

"精度"显示和设定标注文字中的小数位数。

"舍入"为除"角度"之外的所有标注类型设置标注测量的最近舍入值。如果输入 0.25，则所有标注距离都以 0.25 为单位进行舍入。如果输入 1.0，则所有标注距离都将舍入为最接近的整数。注意，小数点后显示的位数取决于"精度"设置。

"前缀"在标注文字中包含指定的前缀。可以输入文字或使用控制代码显示特殊符号。例如，输入控制代码 %%c 显示直径符号如图 3-17 所示。当输入前缀时，将覆盖在直径和半径等标注中使用的任何默认前缀。

"后缀"在标注文字中包含指定的后缀。可以输入文字或使用控制代码显示特殊符号。例如，在标注文字中输入 mm 的结果如图 3-18 所示。输入的后缀将替代所有默认后缀。

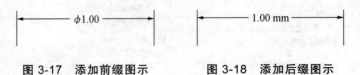

图 3-17　添加前缀图示　　　　图 3-18　添加后缀图示

"测量单位比例"用于定义线性比例选项。可设置线性标注测量值的"比例因子"。建议不要更改此值的默认值 1.00。例如，如果输入 2，则 1 mm 直线的尺寸将显示为 2 mm。该值不应用到角度标注，也不应用到舍入值或者正负公差值。

（6）标注样式"换算单位"选项卡指定标注测量值中换算单位是否显示，并设定其显示格式和精度，如图 3-19 所示。若钩选"显示换算单位"，指定一个"换算单位倍数"，作为主单位和换算单位之间的转换因子使用，例如，要将英寸转换为毫米，请输入 25.4。

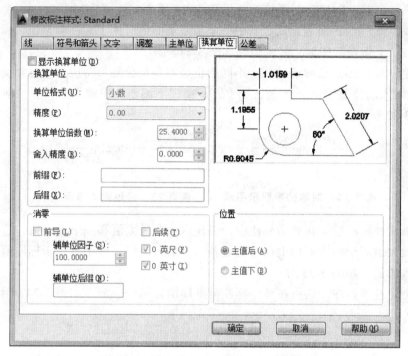

图 3-19 标注样式"换算单位"选项卡

（7）标注样式"公差"选项卡指定标注文字中公差的显示及格式，如图 3-20 所示。

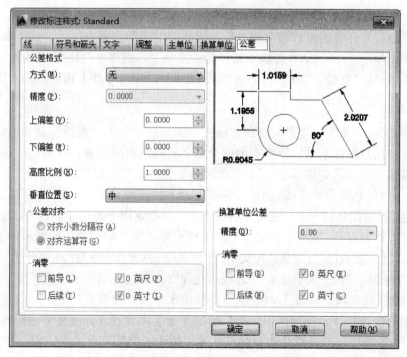

图 3-20 标注样式"公差"选项卡

"方式"用于设定计算公差的方法，可以设置"无""对称""极限偏差""极限尺寸""基本尺寸"5种显示样式，其含义分别如下：

无：不添加公差。DIMTOL系统变量设置为0（零）。

对称：添加公差的正/负表达式，其中一个偏差量的值应用于标注测量值。标注后面将显示加减号。在"上偏差"中输入公差值，如图3-21所示。

极限偏差：添加正/负公差表达式。不同的正公差和负公差值将应用于标注测量值。将在"上偏差"中输入的公差值前面显示正号（＋）；在"下偏差"中输入的公差值前面显示负号（－），如图3-22所示。

图 3-21　对称公差显示图示　　　图 3-22　极限偏差显示图示

界限：创建极限标注。在此类标注中，将显示一个最大值和一个最小值，一个在上，另一个在下。最大值等于标注值加上在"上偏差"中输入的值。最小值等于标注值减去在"下偏差"中输入的值，如图3-23所示。

基本：创建基本标注，这将在整个标注范围周围显示一个框，如图3-24所示。

图 3-23　极限尺寸显示图示　　　图 3-24　基本尺寸显示图示

5．尺寸标注方法

用户在了解尺寸标注的组成与规则、标注样式的创建和设置方法后，接下来就可以使用标注工具标注图形了。AutoCAD提供了完善的标注命令，例如可以使用"线性""对齐""基线""连续""半径""直径""角度""引线"等工具可以完成零件上相应结构和样式的标注。

1）线性标注

选择"标注"|"线性"命令，或在"标注"工具栏中单击"线性"按钮 ⊢⊣ 线性(L)，可创建用于标注用户坐标系XY平面中的两个点之间的距离测量值，并通过指定点或选择对象来实现，其标注示意图如图3-25所示，此时命令行提示如下信息：

"指定第一条尺寸界线原点或<选择对象>"

（1）指定起点。默认情况下，在命令行提示下直接指定第一条尺寸界线的原点，并在"指定第二条尺寸界线原点："提示下指定了第二条尺寸界线原点后，命令行提示如下：

"指定尺寸线位置或[多行文字(M)/文字(T)/角度(A)/水平(H)/垂直(V)/旋转(R)]"

"多行文字（M）"和"文字（T）"选项：允许修改系统自动测量的标注文字。

"水平（H）"选项和"垂直（V）"选项：标注水平尺寸和垂直尺寸。可以直接确定尺寸线的位置，也可以选择其他选项来指定标注的标注文字内容或者标注文字的旋转角。

"旋转（R）"选项：旋转标注对象的尺寸线。用于绘制既不是水平方向、也不是垂直方向的尺寸标注，而是根据指定的角度绘制尺寸标注。该角度不同于对齐标注。

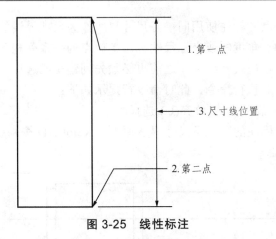

图 3-25 线性标注

（2）选择对象。如果在线性标注的命令行提示下直接按 Enter 键，要求用户直接选择要标注的那一条边，AutoCAD 将自动地把所选择实体的两端点作为两尺寸界线的起始点。选择要标注的边后，AutoCAD 提示：

"指定尺寸线位置或[多行文字(M)/文字(T)/角度(A)/水平(H)/垂直(V)/旋转(R)]"

前面已介绍该提示内容，这里不再赘述。

2）对齐标注

当标注一段带有角度的直线时，可能需要将尺寸线与对象直线平行，这时就要用到对齐尺寸标注。

选择"标注"|"对齐"命令，或在"标注"工具栏中单击"对齐"按钮 对齐(G)，可以对对象进行对齐标注，命令行提示如下：

"指定第一条尺寸界线原点或<选择对象>"

在指定第一条和第二条尺寸界线的原点后，将创建与尺寸界线的原点对齐的线性标注。如图 3-26 所示，依次选择第 1、2、3 位置，将创建对齐标注。

由此可见，对齐标注是线性标注的一种特殊形式。

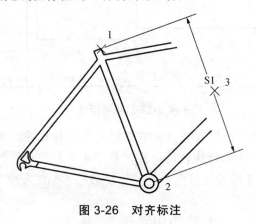

图 3-26 对齐标注

3）基线标注

选择"标注"|"基线"命令，或在"标注"工具栏中单击"基线"按钮 基线(B)，可以创建一系列由相同的标注原点测量出来的标注，如图 3-27 所示。

基线标注用于多个尺寸标注使用同一条尺寸界线作为尺寸界线的情况，是共用第1条尺寸界线（可以是线性的、角度的或坐标尺寸标注）原点的一系列相关标注。

与连续标注一样，在进行基线标注之前也必须先创建（或选择）一个线性、坐标或角度标注作为基准标注，然后执行命令，此时命令行提示如下：

"指定第二条尺寸界线原点或[放弃(U)/选择(S)]<选择>"

确定了下一个尺寸标注的第二条尺寸界线原点，AutoCAD 按基线标注方式标注出尺寸，直到按下 Enter 键结束命令。

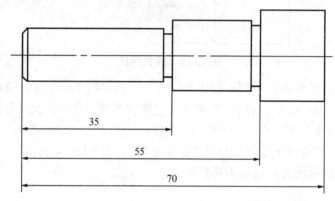

图 3-27 基线标注

4）连续标注

选择"标注"|"连续"命令，或在"标注"工具栏中单击"连续"按钮 ┝┿┥ 连续(C)，可以创建连续标注。这些尺寸首尾相连（除第一个尺寸和最后一个尺寸之外），前一个尺寸的第二个尺寸界线就是后一个尺寸的第一尺寸界线，如图 3-28 所示。

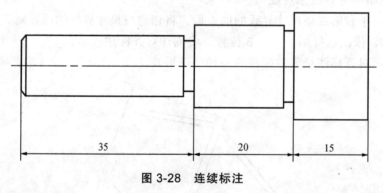

图 3-28 连续标注

在进行连续标注之前，必须首先创建或选择一个线性标注、角度标注或坐标标注作为基准标注（如果当前任务中未创建任何标注，将提示用户选择线性标注、坐标标注或角度标注），用于确定连续标注所需的前一尺寸标注的尺寸标注界线，然后执行命令，此时命令提示如下：

"指定第二条尺寸界线原点或[放弃(U)/选择(S)]<选择>"

在该提示下，确定了下一个尺寸标注的第二条尺寸界线原点后，AutoCAD 按连续标注方式标注出尺寸，即把上一个或所选标注的第二条尺寸界线作为新尺寸标注的第一条尺寸界线标注尺寸。当标注完成后，按 Enter 键结束命令。

5）半径标注

选择"标注"|"半径"命令，或在"标注"工具栏中单击"半径"按钮 ◎ 半径(R)，命令行提示如下：

"选择圆弧或圆"

选择要标注半径的圆弧或圆，此时命令行提示如下：

"指定尺寸线位置或[多行文字(M)/文字(T)/角度(A)]"

指定了尺寸线位置后，系统将按实际测量值标注出圆或圆弧的半径。也可以利用"多行文字（M）""文字（T）"或"角度（A）"选项，确定尺寸文字或尺寸文字的旋转角度。

6）直径标注

选择"标注"|"直径"命令，或在"标注"工具栏中单击"直径"按钮 ◎ 直径(D)，可以标注圆或圆弧的直径，直径标注方法与半径标注方法相同。当通过"多行文字（M）"和"文字（T）"选项重新确定尺寸文字时，需要在尺寸文字前加前缀%%c，才能使标出的直径尺寸有直径符号 Ø。

7）折弯标注

选择"标注"|"折弯"命令，或在"标注"工具栏中单击"折弯"按钮 ⚡ 折弯(J)，可以折弯标注圆和圆弧的半径。该标注方式是 AutoCAD 新增的一个命令，它与半径标注方法基本相同，但需要指定一个位置代替圆或圆弧的圆心。

8）角度标注

选择"标注"|"角度"命令，或在"标注"工具栏中单击"角度"按钮 △ 角度(A)，AutoCAD提示如下：

"选择圆弧、圆、直线或<指定顶点>"

（1）如果选择的对象是一段圆弧，AutoCAD 2014 自动将圆弧的圆心作为顶点，并且将圆弧的两个端点分别作为第一条界线和第二条界线的端点，命令行显示：

"指定标注弧线位置或[多行文字（M）/文字（T）/角度（A）/象限点（Q）]"

可以直接确定标注弧线的位置，AutoCAD 会按实际测量值标注出角度。也可以使用"多行文字（M）""文字（T）"及"角度（A）"选项，设置尺寸文字和它的旋转角度。

（2）如果选择的对象是一个圆，AutoCAD 自动将圆的圆心作为顶点，将选择圆时的点作为角度标注的第 1 个端点，命令行提示如下"

"指定角的第二个端点"

要求确定另一点作为角的第二个端点。该点可以在圆上，也可以不在圆上，然后再确定标注弧线的位置。标注的角度将以圆心为角度的顶点，以通过所选择的两个点为尺寸界线（或延伸线）。

（3）如果选择的对象是一条直线，AutoCAD 提示如下：

"选择第二条直线"

选择另外一条直线后，AutoCAD 将两条直线的交点作为绘制角度尺寸的顶点，用这两条直线作为角的两边，然后系统将提示指定的圆弧作为尺寸线的位置，该尺寸线（弧线）张角通常小于180°。如果圆弧尺寸线超出了两直线的范围，那么系统将会自动添加必要的尺寸界线的延长线。

（4）如果按 Enter 键，AutoCAD 将使用三点的方式绘制角度标注尺寸，这时首先需要确定角的顶点，然后分别指定角的两个端点，最后指定标注弧线的位置。

9）引线标注

引线用来指示图形中包含的特征，然后给出关于这个特征的信息。引线与尺寸标注命令不同，它不测量距离。引线可由直线段或平滑的样条曲线构成，用户可在引线末段输入任何注释信息，如文字等。也可以为引线附着块参照和特征控制（特征控制框用于显示形位公差）。

选择"标注"|"多重引线"命令 ⚲ 多重引线(E) 可以创建引线和注释，并且可以设置引线和注释的样式。

执行"多重引线"命令，命令行将提示：

"指定引线箭头的位置或[引线基线(L)/内容优先(C)/选项(O)]<选项>"

在图形中选择确定引线箭头的位置，然后在打开的文字输入窗口输入注释内容即可。

10）形位公差标注

形位公差包括形状公差和位置公差，是指导生产、检验产品、控制质量的技术依据。标注形位公差时一般使用的标注样式如图 3-29 所示。它通常由指引线、形位公差代号、形位公差框、形位公差值和基准代号等组成。

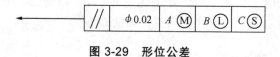

图 3-29　形位公差

选择"标注"|"公差"命令，或在"标注"工具栏中单击"公差"按钮 ⊞ 公差(T)... ，打开"形位公差"对话框，可以设置公差的符号、值及基准等参数，如图 3-30 所示。

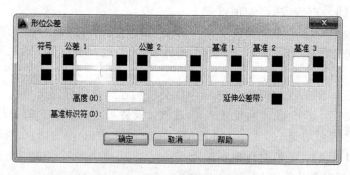

图 3-30　"形位公差"对话框

"符号"选项区：显示或设置所要标注形位公差的符号。单击该区中的图标框■，将打开"特征符号"对话框，可以为第 1 个或第 2 个公差选择几何特征符号，如图 3-31 所示。

"公差 1"和"公差 2"选项区域：单击■框插入直径符号，在中间的文本框中可以输入公差值。单击后面的■框，将打开"附加符号"对话框，如图 3-32 所示，从中选择公差包容条件，选择要使用的符号后，对话框将关闭。在"形位公差"对话框中，将符号插入到的第一个公差值的"附加符号"框中。

"基准 1""基准 2"和"基准 3"选择区域：设置基准的有关参数，用户可在"基准 1""基准 2"和"基准 3"文本框中输入相应的基准代号。

"高度"文本框：设置投影公差带的值。投影公差带控制固定垂直部分延伸区的高度变化，并以位置公差控制公差精度。

"延伸公差带"选项：单击■框，在延伸公差带值的后面插入延伸公差带符号。

"基准标识符"文本框：创建由参照字母组成的基准标识符。基准是理论上精确的几何参照，用于建立其他特征的位置和公差带。点、直线、平面、圆柱或者其他几何图形都能作为基准。在该框中输入字母。

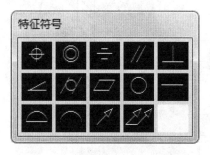

图 3-31　"特征符号"选项区

图 3-32　"附加符号"对话框

三、任务实施

（1）打开轴承座零件图，如图 3-33 所示。按标注格式要求设置好标注样式。

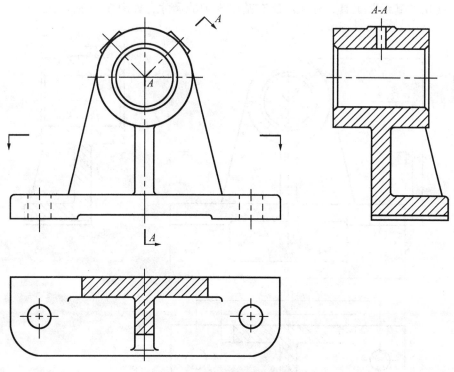

图 3-33　打开轴承座零件图

（2）使用"线性"工具，标注出所有线性规则的尺寸，如图 3-34 所示。

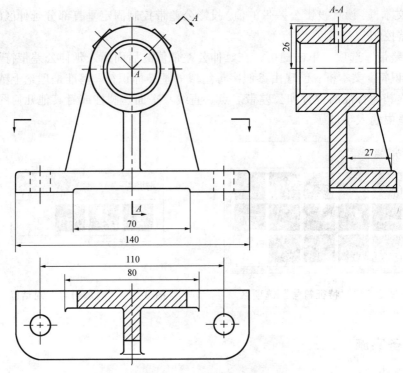

图 3-34　"线性"标注尺寸

（3）使用"基线"工具，标注出所有基线规则的尺寸，如图 3-35 所示。

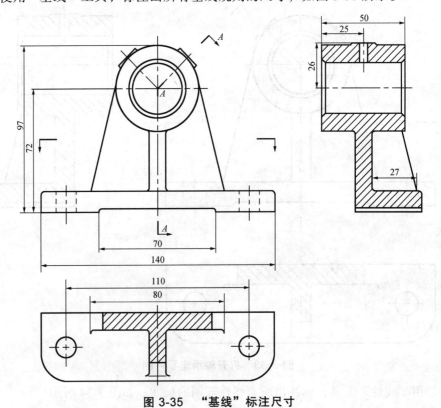

图 3-35　"基线"标注尺寸

（4）使用"连续"工具，标注出所有连续规则的尺寸，如图 3-36 所示。

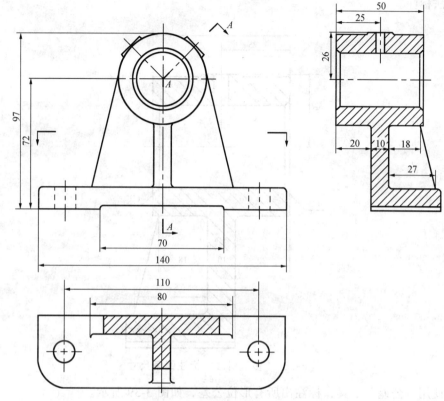

图 3-36 "连续"标注尺寸

（5）使用"角度"工具，标注出所有角度尺寸，如图 3-37 所示。

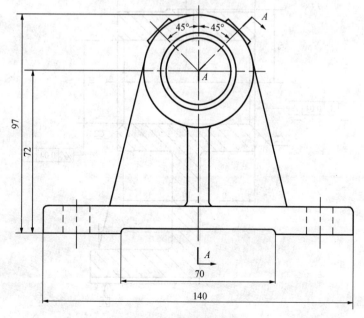

图 3-37 "角度"标注

（6）使用"多重引线"工具，标注出所有引线规则尺寸，如图 3-38 所示，倒角尺寸"C2"由引线方法标注。

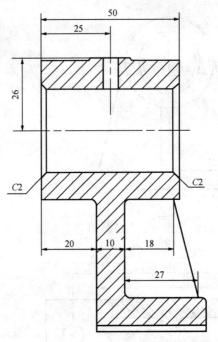

图 3-38 "多重引线"标注倒角尺寸

（7）使用"公差"工具，标注出所有形位公差，如图 3-39 所示。

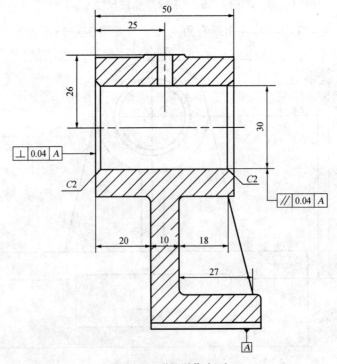

图 3-39 "公差"标注

（8）使用"直径""半径"工具，对所有的圆和圆弧进行标注，如图 3-40 所示。

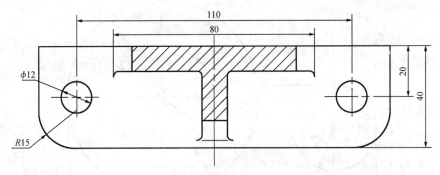

图 3-40　"直径""半径"标注

（9）粗糙度标注将在"块"工具中单独介绍，本项目中不标注。

四、练一练

绘制图 3-41～图 3-45 所示的图形并标注尺寸。

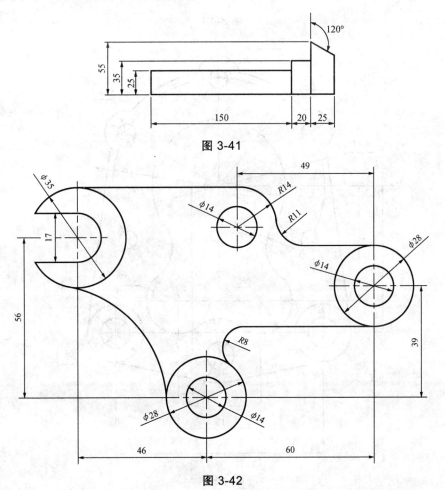

图 3-41

图 3-42

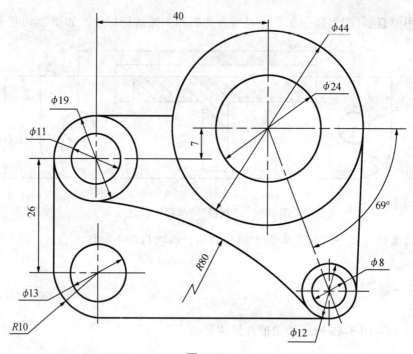

图 3-43

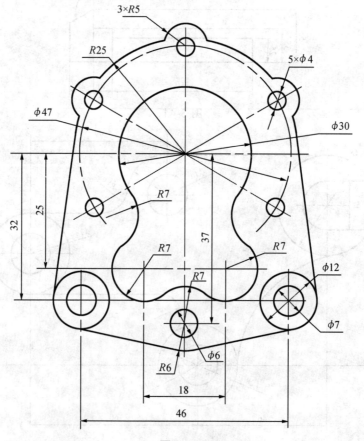

图 3-44

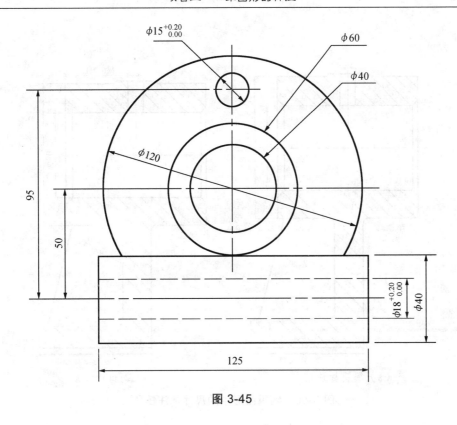

图 3-45

任务二 编辑图形中的尺寸标注

一、任务描述

在轴承座零件的 *A-A* 剖视图中，使用了"线性"工具标注圆柱尺寸和螺纹，请利用"编辑标注"方式将其修改为正确标注方法，并完成剩余部分的标注，使尺寸完整，如图 3-46 所示。

二、相关知识

在 AutoCAD 中，可以对已标注对象的文字、位置及样式等内容进行修改，而不必删除所标注的尺寸对象再重新进行标注。它包括编辑标注、编辑标注文字的位置、更新标注、尺寸关联等。

1. 编辑标注

在"标注"工具栏中，单击"编辑标注"按钮 ✐，即可编辑已有标注的标注文字内容和放置位置，此时命令行提示如下：

"输入标注编辑类型[默认(H)/新建(N)/旋转(R)/倾斜(O)]<默认>"

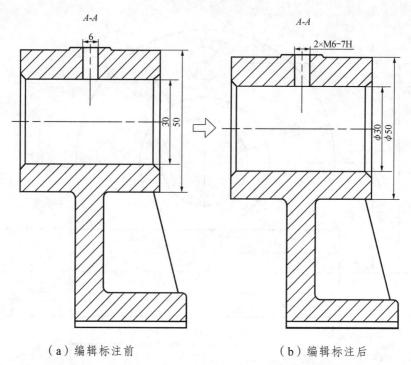

（a）编辑标注前　　　　　　　　　　（b）编辑标注后

图 3-46　编辑图形中的尺寸标注任务

各输入选项的含义如下：

"默认（H）"选项：选定的标注文字移回到由标注样式指定的默认位置和旋转角。

"新建（N）"选项：使用"文字格式"对话框修改标注文字。在"文字输入窗口"输入尺寸文本，然后再选择需要修改的尺寸对象。

"旋转（R）"选项：可以将尺寸文字旋转一定的角度，先设置角度值，然后选择尺寸对象。

"倾斜（O）"选项：该选项可以调整线性标注尺寸界限的倾斜角度，当尺寸界限与图形的其他部件冲突时，该选项很有用处。先选择尺寸对象，然后设置倾斜角度值。

2．编辑标注文字

编辑标注文字可以修改现有标注文字的位置和方向。

选择"标注"|"对齐文字"子菜单中的命令，或在"标注"工具栏中单击"编辑标注文字"按钮 ，都可以修改尺寸的文字位置。选择需要修改的尺寸对象后，命令行提示如下：

"指定标注文字的新位置或[左(L)/右(R)/中心(C)/默认(H)/角度(A)]"

默认情况下，可以通过拖动光标来确定尺寸文字的位置，并通过拖动过程中动态更新。也可以输入相应的选项指定标注文字的新位置。在 AutoCAD 提示中，包含的各选项含义如下：

"左（L）"选项：将标注文字移动到靠近左边的尺寸界线处。该选项适用于线性、半径和直径标注。

"右（R）"选项：将标注文字移动到靠近右边的尺寸界限处。该选项适用于线性、半径和直径标注。

"中心（C）"选项：将标注文字移动到尺寸界线中心处。

"默认（H）"选项：将标注文字移动到原来的位置。

"角度（A）"选项：改变标注文字的旋转角度。

3．更新标注

更新标注可以通过更改设置控制标注的外观。

选择"标注"|"更新"命令，或在"标注"工具栏中单击"标注更新"按钮 [≥]，都可以更新标注，使其采用当前的标注样式，此时命令行提示如下：

"输入标注样式选项[保存(S)/恢复(R)/状态(ST)/变量(V)/应用(A)/?] <恢复>"

各输入选项的含义如下：

"保存（S）"选项：将标注系统变量的当前设置保存到标注样式。

"恢复（R）"选项：将标注系统变量设置恢复为选定标注样式的设置。

"状态（ST）"选项：查看当前各尺寸系统变量的状态。选择该选项，可切换到文本窗口，显示所有标注系统变量的当前值。

"变量（V）"选项：显示指定标注样式或对象的全部或部分尺寸系统变量及其设置。

"应用（A）"选项：可根据当前尺寸系统变量的设置更新指定的尺寸对象。

"？"选项：显示当前图形中命名的尺寸标注样式。

三、任务实施

（1）打开任务一所示绘制并部分标注的轴承座零件图，如图 3-47 所示。

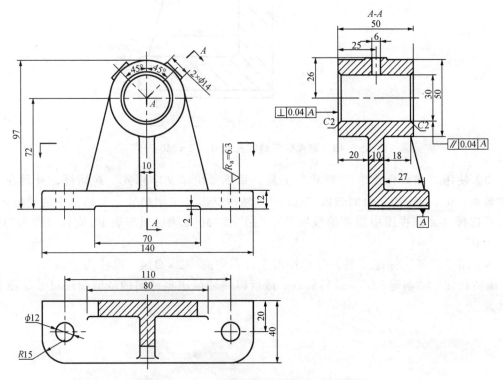

图 3-47　打开已部分标注的轴承座零件图

（2）使用"编辑标注"|"新建"工具，系统弹出"文字格式"对话框，并且在文本框中显示"0"，在"0"前面和后面分别输入"2×M"和"-7H"，然后点击"文字格式"对话框中的"确定"，然后再选择 *A-A* 剖视图中顶部的线性尺寸"6"，回车确定，则此尺寸变为"2×M6-7H"，如图 3-48 所示。

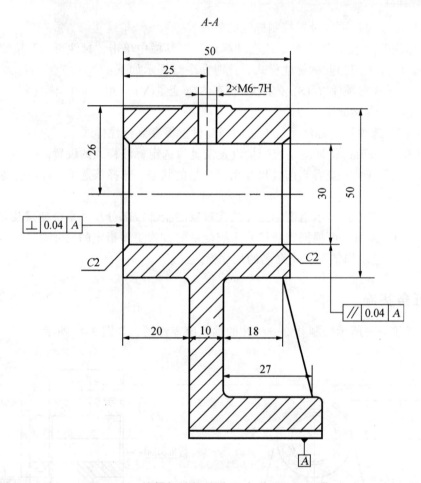

图 3-48　编辑标注螺纹孔尺寸"2×M6-7H"

（3）使用"编辑标注"|"新建"工具，系统弹出"文字格式"对话框，并且在文本框中显示"0"，在"0"前面输入"%%c"，然后点击"文字格式"对话框中的"确定"，然后再选择 *A-A* 剖视图中顶部的线性尺寸"30"和"50"，然后回车确定，则尺寸变为"Ø30"和"Ø50"。

（4）用"对齐"标注工具，先标注出主视图中的"2×Ø14"尺寸为"14"，然后再使用"编辑标注"|"新建"工具进行修改，最后得到轴承座零件图的全部标注尺寸如图 3-49所示。

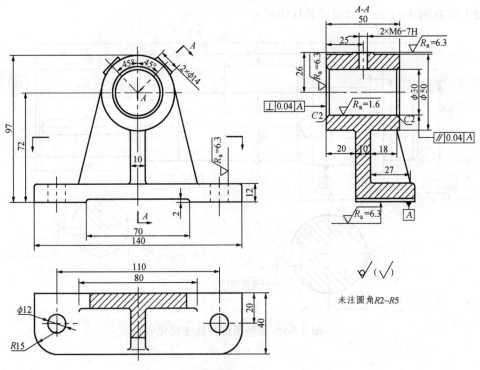

图 3-49　完成轴承座零件图的尺寸标注

四、练一练

（1）绘制图 3-50 所示的图形并标注尺寸。

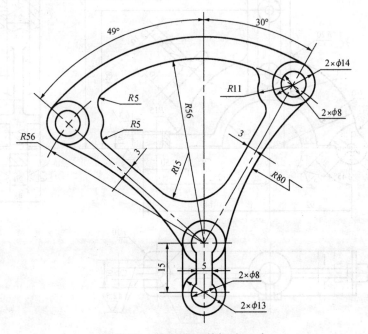

图 3-50　绘制图形并标注尺寸

（2）绘制图 3-51 所示的图形并标注尺寸。

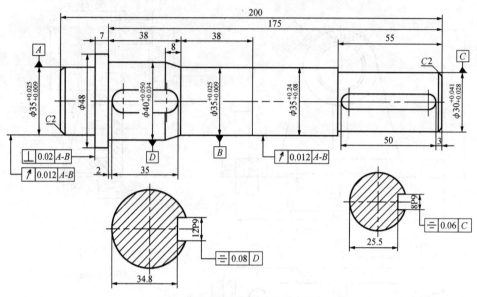

图 3-51　绘制图形并标注尺寸

五、课外拓展

（1）绘制图 3-52 所示的图形并标注尺寸。

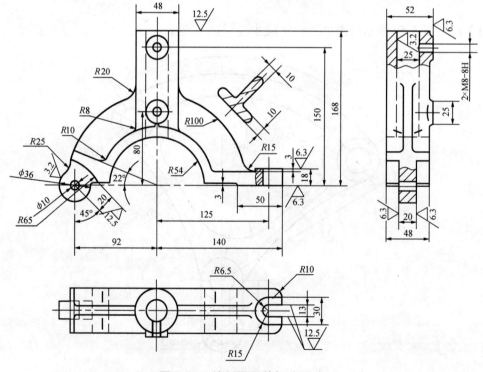

图 3-52　绘制图形并标注尺寸

（2）绘制图 3-53 所示的图形并标注尺寸。

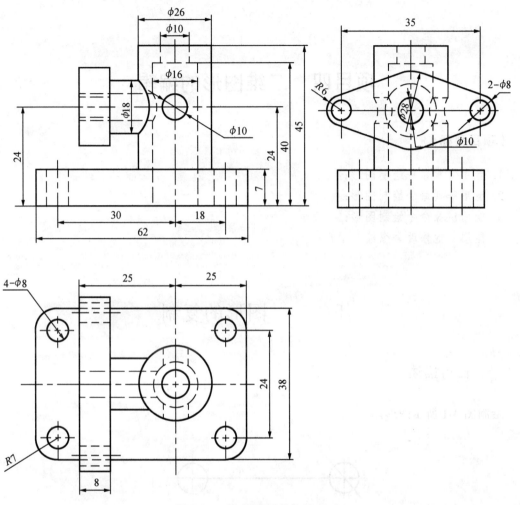

图 3-53 绘制图形并标注尺寸

项目四   二维图形的编辑

【项目目标】

1. 能用复制命令绘制图形；
2. 能用阵列命令绘制图形；
3. 能用镜像命令绘制图形；
4. 能用其他修改命令绘制图形；

任务一   图形的复制

一、任务描述

绘制图 4-1 所示图形。

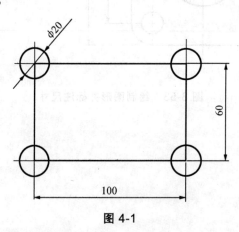

图 4-1

二、相关知识

复制对象，就是将指定对象复制到指定位置。该命令一般用在需要绘制多个相同形状的图形操作中。

复制命令的启动

（1）工具栏中单击"复制对象" 按钮。

（2）在命令行输入快捷命令 Copy 或 CP。

（3）点击"修改"下拉菜单中的"复制"。

三、任务实施

（1）利用"矩形"命令绘制长 40 mm，宽 20 mm 的矩形，如图 4-2 所示。

（2）利用"圆"命令绘制 ϕ20 的圆，如图 4-3 所示。

（3）执行"复制"命令画出其他 3 个圆。

① 选择对象：选择小圆。

② 回车结束选择对象。

③ 指定矩形左上角作为基点，将圆分别复制到其他 3 个角点完成全图。

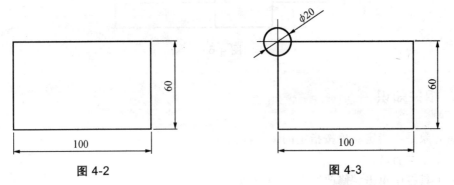

图 4-2　　　　　　　　　　　　　　图 4-3

注：执行"复制"命令的时候，也可以直接输入复制对象与被复制对象之间的距离。

四、练一练

绘制图 4-4、图 4-5 所示的图形

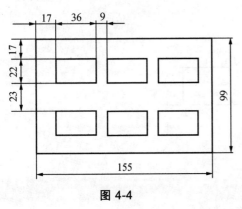

图 4-4

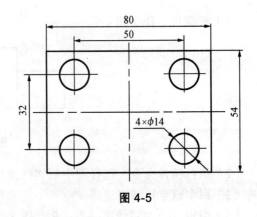

图 4-5

任务二　图形的镜像

一、任务描述

绘制如图 4-6 所示图形。

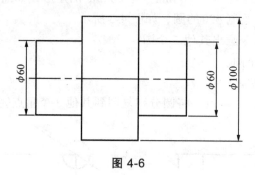

图 4-6

二、相关知识

镜像对象是将指定对象按指定的镜像线做对称图。
镜像命令的启动：
（1）工具栏中单击"修改"中的 ⛰ 按钮。
（2）在命令行输入命令 Mirror 或 Mi。
（3）点击"修改"下拉菜单中的"镜像"。

三、任务实施

（1）根据尺寸作出图 4-7。

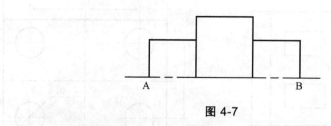

图 4-7

（2）执行镜像命令，选择图中粗实线部分。
（3）回车或空格结束选择。
（4）指定 A 点为镜像第一点，B 点作为镜像第二点。
（5）选择保留源对象完成图形。

四、练一练

绘制图 4-8 所示的图形。

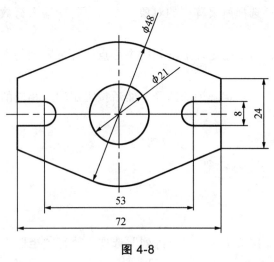

图 4-8

任务三　图形的阵列

一、任务描述

绘制如图 4-9、图 4-10 所示图形。

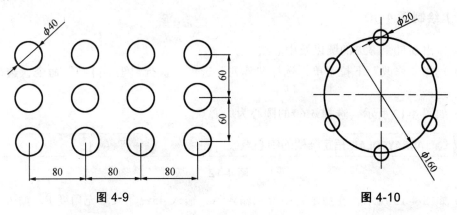

图 4-9　　　　　　　　　　　　　　　图 4-10

二、相关知识

阵列对象就是按矩形、环形和路径的方式多重复制对象。
阵列命令的启动：

（1）工具栏中单击"修改"中的 ⊞ 按钮。

（2）在命令行输入命令 Array。

（3）点击"修改"下拉菜单中的"阵列"。

当执行矩形阵列时，选择所要阵列的对象，在命令行中输入行数与列数，然后分别输入行偏移、列偏移具体数值。

在创建环形阵列时，需要指定环形阵列的中心点、环形阵列的方法、项目总数、填充角度等。

在沿路径阵列时，需要指定阵列的路径，然后按提示输入相应的项目和数值。

三、任务实施

（一）绘制图 4-9

（1）作出 $\phi40$ 的圆。

（2）选择"修改"下拉菜单，选择"阵列"选项，执行"矩形阵列"命令，选择 $\Phi40$ 的圆并结束选择。

（3）如图 4-11 所示，在命令行中分别输入 COL，输入列数为 4，指定列数间距为 80；在命令行中输入 R，输入行数为 3，指定列数行距为 60。

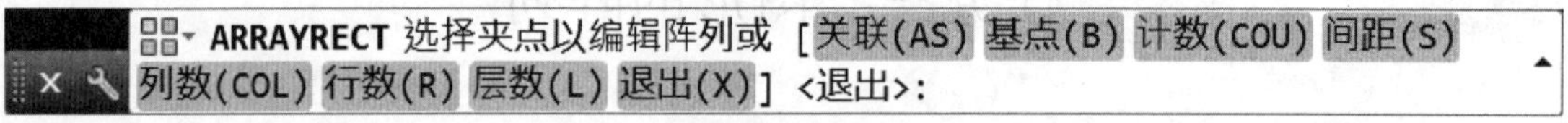

```
⊞▾ ARRAYRECT 选择夹点以编辑阵列或 [关联(AS) 基点(B) 计数(COU) 间距(S)
× ⚒  列数(COL) 行数(R) 层数(L) 退出(X)] <退出>:
```

图 4-11

（4）结束阵列命令即可得到图的结果。

（二）绘制图 4-10

（1）作出 $\phi160$ 和 20 的圆以及中心线。

（2）选择"修改"下拉菜单，选择"阵列"选项，执行"矩形阵列"命令，选择 $\phi40$ 的圆并结束选择。

（3）如图 4-12 所示，选择 $\phi160$ 的圆心为中心点。

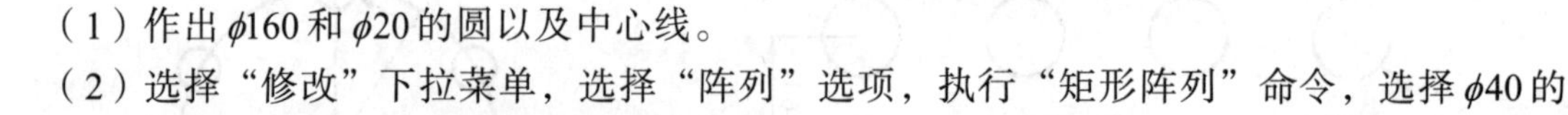

```
× ⚒  ⊡▾ ARRAYPOLAR 指定阵列的中心点或 [基点(B) 旋转轴(A)]:
```

图 4-12

（4）如图 4-13 所示，在命令行中分别输入 A，输入 45，输入填充角度 F，输入 360。

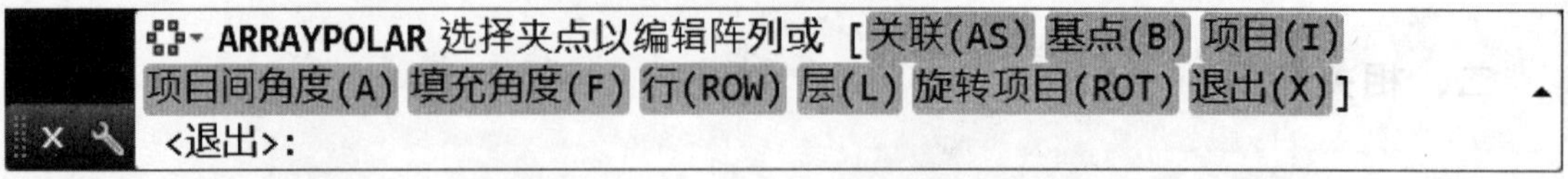

```
⊡▾ ARRAYPOLAR 选择夹点以编辑阵列或 [关联(AS) 基点(B) 项目(I)
     项目间角度(A) 填充角度(F) 行(ROW) 层(L) 旋转项目(ROT) 退出(X)]
× ⚒  <退出>:
```

图 4-13

（5）结束阵列命令即可得到图 4-10 所示的结果。

四、练一练

绘制图 4-14、图 4-15 所示的图形。

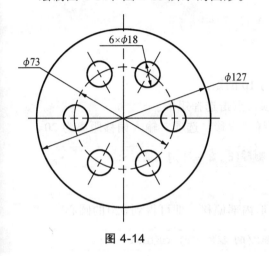

图 4-14

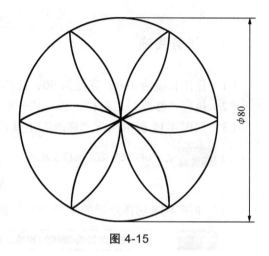

图 4-15

任务四 图形的偏移

一、任务描述

绘制如图 4-16 所示图形。

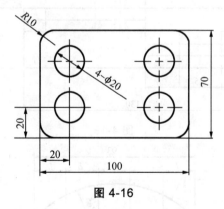

图 4-16

二、相关知识

偏移对象是对指定的线、圆等做同心偏移复制。对于线来说执行偏移操作就是进行平行复制。

偏移命令的启动:

（1）工具栏中单击"修改"中的 ⚙ 按钮。

（2）在命令行输入命令 Offset 或 OF。

（3）点击"修改"下拉菜单中的"偏移"。

三、任务实施

（1）作出长度为 100，宽度为 50，圆角半径为 10 的矩形。

（2）执行"修改"工具栏，选择"分解"选项，点击选择矩形。

（3）如图 4-17 所示执行"修改"工具栏，选择"偏移"选项，输入偏移距离为 20。

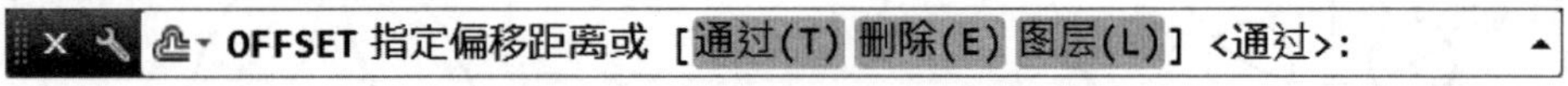

> ✕ ⚙ OFFSET 指定偏移距离或 [通过(T) 删除(E) 图层(L)] <通过>：

图 4-17

（4）如图 4-18 选择矩形的 4 条边，分别向矩形内部偏移，即可得到 φ20 的圆心。

> ✕ ⚙ OFFSET 选择要偏移的对象，或 [退出(E) 放弃(U)] <退出>：

图 4-18

（5）分别作 φ20 的圆并标注尺寸和修改图形。

四、练一练

绘制图 4-19、图 4-20 所示的图形。

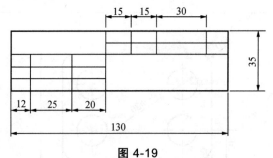

图 4-19

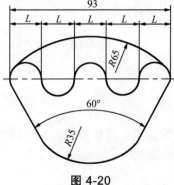

图 4-20

任务五 其他图形编辑简介

一、选择对象

在使用 AutoCAD 编辑图形对象时,应当先创建对象的选择集。选择集可以包含单个对象,也可以包含多个复杂的对象。用户既可以在编辑前创建选择集,也可以在运行编辑命令时按要求创建选择集。选取对象大致分为以下几种方法:

1. 直接选取

直接选取是最常见的一种选取方法。在选取对象过程中,只需单击该对象即可完成选取操作。被选取后的对象以虚线进行显示,表示该对象已被选中。

2. 使用选择窗口与交叉选择窗口

选择窗口,就是通过确定选取图形对象范围的一种选取方法。当从左边开始向右选择对象时,可以首先在选取图形的左上方单击鼠标,然后再向右下角拖动鼠标,直到将所选取的图形框在一个矩形框内后,单击鼠标以确定选取范围,这时所有出现在矩形框内的对象就被选取,这个出现的矩形框就被称为选择窗口。

交叉选择窗口与选择窗口的操作方法大致上相同,只是在确定选取对象时,框选的方向有所不同。交叉选择窗口是先确定右上角或右下角,然后向左侧拖动来定义选取范围。当确定选取范围后,所有完全或部分包含在交叉选择窗口中的对象均被选中。

3. 快速选择

当用户需要选择大量特性相同的图形对象时,可以使用"快速选择"对话框,根据对象的特性、类型进行快速选择。

二、删除与恢复对象

在编辑过程中经常会出现错误,当发生错误时,就要执行删除或恢复操作,下面就为读者介绍删除与恢复操作的方法。

1. 删除对象

删除一个对象可以在工具栏内单击"删除" ✏ 按钮,然后选择所要删除的图形对象,最后按回车键就完成了删除操作。也可先选择对象,再执行删除命令。

2. 恢复删除对象

恢复删除操作可以通过在命令行输入 U 或 OOPS 命令来恢复最后一次删除的操作。

三、移动对象

在移动对象时，可以单击工具栏内的"移动" ✛按钮或选择"修改"中的"移动"命令，接着选择所要移动的对象后右击鼠标或按回车键，这时命令行将出现确定基点或位移的提示，在确定一点作为基点后拖动鼠标，当所选择对象移动到指定位置时，单击鼠标即可。

四、旋转对象

旋转对象是将指定对象绕基点旋转一定的角度。在旋转对象前，首先要单击"旋转" ↻按钮，接着选择所要旋转的对象后右击鼠标或按回车键，这时命令行将出现指定基点或位移的提示，然后单击并确定一点作为对象所要旋转的中心点，在命令行内输入所要旋转的角度后按回车，或在确定中心点后拖动鼠标，当对象达到所要旋转的角度时单击即可。

五、拉伸、延伸对象

1．拉伸对象

在拉伸对象时，首先要单击"拉伸" 🔲按钮或选择"修改"中的"拉伸"命令，接着选择所要拉伸的对象后，右击鼠标或按回车键，这时命令行将提示指定位移的基点和指定位移，依次指定位移量后，AutoCAD 将全部位于选择窗口之内的对象移动，而将与选择窗口边界相交的对象按规则进行拉伸。

要拉伸对象，首先要指定一个基点，然后指定两个位移点。也可以用交叉选择框选择对象，并使用对象捕捉、夹点捕捉、栅格捕捉等方法来精确拉伸对象。

2．延伸对象

在延伸对象时，可以单击"延伸" ⟿按钮，或是选择"修改"中的"延伸"命令，然后选择要延伸到的边界后按回车键，接着再选择要延伸的边，这时 AutoCAD 将自动延伸到所指定的边界上。

六、修剪对象

在绘图过程中出现一些多余的边线时，就可以使用修剪命令，将其修剪整齐。

在修剪对象时，通常以剪切边为边界，将被修剪对象上位于剪切边某一侧的部分剪掉。修剪对象可以单击"修剪" ⟿按钮或选择"修改"中的"修剪"命令，这时在命令行将提示选择对象，这里的对象是指作为剪切边的对象，当用户选择对应的对象后，右击或按回车键，命令行将提示选择要修剪的对象，也就是选择需要剪切掉的对象。这时 AutoCAD 将以剪切边为界，将被剪对象上位于选择点一侧的对象剪掉。如果被剪对象没有与剪切边交叉，在该提示下按 Shift 键，然后选择被剪对象，AutoCAD 则可以延伸该对象到剪切边。

七、打断与打断于点

打断是删除部分对象或将对象分解成两部分。这些对象可以是直线、圆、圆弧、椭圆、参照线等。在打断对象时，既可以在第一个断点选择对象，也可以选择第二个打断点；还可以先选择整个对象，然后指定两个打断点。

在打断对象时，可以在工具栏内单击"打断" ⬚ 按钮或选择"修改"中的"打断"命令，然后选择所要打断的对象或第一个打断点，这时命令行将提示确定打断的第二个点，在第二个打断点上单击即可将对象上位于两个拾取点之间的那部分对象删除。

打断于点是打断命令的后续命令，它是将对象在一点处断开生成两个对象。一个对象在执行过打断于点命令后，从外观上并看不出什么差别，但当我们在选取该对象时，可以发现该对象已经被打断为两部分。

八、倒角与圆角

对两个非平行的对象执行倒角或圆角，可以通过延伸或修剪，使它们产生倒角或圆角的效果。

1. 倒　角

执行倒角操作的对象可以是直线、多段线、参照线和射线等。执行倒角操作可以有两种方法，一种是距离方法，它可以指定每条直线被修剪或延伸的距离。另外一种是角度方法，它可以指定倒角的长度以及它与第一条直线形成的角度。

要通过指定长度和角度进行倒角，应首先指定第一个选择对象的倒角线起始位置，然后指定倒角线与该对象所形成的角度。具体方法是首先单击"倒角" ⬚ 按钮，然后输入命令 A，接着输入倒角的长度、倒角的角度。最后选择需要进行倒角的第一个对象与第二个对象即可。

倒角距离（D）就是所要执行倒角的直线与倒角线之间的距离。如果两个倒角距离都为零，那么倒角操作将修剪或延伸这两个对象，直到它们相接，但不绘制倒角线。其中，第一个倒角距离的默认设置是上一次指定的距离，而第二倒角距离的默认设置为前面指定的第一个倒角距离。

在默认情况下，对象在倒角时被修剪，但可以用修剪（T）选项指定保持不修剪的状态。在单击"倒角"按钮后，输入命令 T，设置修剪状态。接着输入命令 N，表示不修剪，然后再设置其他倒角参数，或者选择希望进行倒角的第一个对象与第二个对象。

2. 圆　角

可以进行圆角处理的对象有直线、构造线、射线、圆、圆弧等，并且直线、构造线和射线在相互平行时也可以进行圆角。

圆角半径是连接圆角对象的半径。在默认情况下，圆角半径为 0.500 或上次设置的半径。设置圆角半径可以单击"圆角"▭ 按钮或选择"修改"中的"圆角"命令，输入命令 R，再输入圆的半径，接着再选择需要进行圆角操作的两个对象。

执行圆角命令时，可以指定不同的点，所制作的圆角也有所区别。使用圆角命令还可以方便地为平行线、构造线和射线绘制圆角，其中第一个选择的对象必须是直线或射线，但第二个对象可以是直线、射线或构造线。

九、缩放对象、分解对象

利用 AutoCAD 的比例缩放功能，可在 X 轴和 Y 轴方向使用相同的比例因子进行缩放，在不改变对象宽高比的前提下改变对象的尺寸。执行 SCALE 命令时，用户应先指定缩放操作的基点，然后指定比例因子。其中，指定比例因子的方法有以下几种方法：

（1）通过指定长度作为比例因子。

（2）直接输入比例因子。

（3）通过指定参照长度和新长度指定比例因子。

首先单击"缩放"▭ 按钮，接着单击所要缩放的对象后按回车键，接下来需要用户指定缩放的基点和缩放比例，其中比例因子是指缩放的比例。AutoCAD 将对象根据该比例因子相对于基点进行缩放，当 0 < 比例因子 < 1 时缩小对象，当比例因子 > 1 时放大对象。参照选项用于将对象按参照的方式缩放。接下来依次提示输入参考长度、新长度等信息。

对于矩形、块等对象，它们是由多个对象组成的对象，如果用户需要对单个对象进行编辑，那么就需要先将其分解。这时可以单击"分解"▭ 按钮，然后选择所要分解的对象，最后按回车键即可。

十、使用夹点编辑图形对象

用夹点可以在不调用任何编辑命令的情况下，对需要进行编辑的对象进行修改。只要单击所要编辑的对象后，当对象上出现若干个夹点，单击其中一个夹点作为编辑操作的基点，这时该点会以高亮度显示，表示已成为基点。在选取基点后，就可以使用 AutoCAD 的夹点功能对相应的对象进行拉伸、移动、旋转等编辑操作。

十一、利用特性匹配编辑图形

特性匹配是一个使用非常方便的编辑工具，它对编辑同类对象非常有用。它是将源对象的特性，包括颜色、图层、线型、线型比例等，全部赋给目标对象。

调用特性匹配命令，可以通过选择"修改"中的"特性匹配"命令，或在"标准"工具栏中单击"特性匹配" 按钮。这时命令行将提示选择源对象，在选择了源对象后，光标变为小方块和小毛刷。

同时在命令行将提示当前活动设置包括：颜色、线型、线型比例、线宽、厚度、打印样式、文字、标注、图案填充并要求选择目标对象或选择设置（S）对象。

如果在该提示下直接选择对象，即选择目标对象，这些目录对象的特性将由源对象的特性替代。

项目五　常用符号的绘制与标注

【项目目标】

1. 能创建内部块和外部块；
2. 能创建带属性的块；
3. 能正确、合理插入图块。

任务一　常用符号的绘制与块

一、任务描述

绘制图 5-1 所示中的表面粗糙度符号并保存为内部块和外部块。其中设定字体高度为 5 mm。

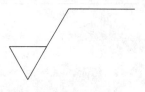

图 5-1　表面粗糙度符号

二、相关知识

（一）块的概念

图块就是将多个实体组合成一个整体，并给这个整体命名保存，在以后的图形编辑中这个整体就被视为一个实体。一个图块包括可见的实体如线、圆弧、圆，以及可见或不可见的属性数据。图块作为图形的一部分储存。图块能帮我们更好地组织工作，快速创建与修改图形，减少图形文件的大小。使用图块，可以创建一个自己经常要使用的符号库，然后以图块的形式插入一个符号，而不是从空白开始重画该符号。

（二）块的创建

1. 创建内部块

所谓的内部块即数据保存在当前文件中，只能被当前图形所访问的块。创建内部块可用以下几种方法实现：

（1）在命令行输入 Block 或快捷命令 B。

（2）点击下拉菜单中的"绘制"，在"绘制"菜单上单击"块"子菜单中的"创建"选项。

（3）在绘制工具栏上单击创建块图标 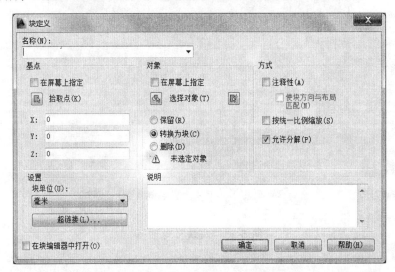 。

执行命令后，AutoCAD 2014 弹出"块定义"对话框，如图 5-2 所示。

图 5-2　"块定义"对话框

该对话框中部分选项的功能如下：

"名称"文本框：在其中输入图块名称。

"基点"选项组：用于确定图块插入点位置。

单击拾取点按钮，然后移动鼠标在绘图区内选择一个点。也可在 X、Y、Z 文本框中输入具体的坐标值。

"对象"选项组：选择构成图块的对象及控制对象显示方式。

单击"选择对象"按钮，AutoCAD 将隐藏块定义对话框，用户可在绘图区内用鼠标选择构成块的对象，右击鼠标结束选择。则块定义对话框重新出现。

选择"保留"选项，则在用户创建完图块后，AutoCAD 将继续保留这些构成图块的对象，并将它们当作一个普通的单独对象来对待。

选择"转化为块"选项，则在用户创建完图块后，AutoCAD 将自动将这些构成图块的对象转化为一个图块来对待。

选择"删除"选项，则在用户创建完图块后，AutoCAD 将删除所有构成图块的对象目标。

"方式"选项组：如果钩选"按统一比例缩放"则在插入块的时候只需要输入 X 方向的比例，Y、Z 方向的比例与 X 方向相同，如果不钩选，可改变 X、Y、Z 3 个方向的比例。

如果钩选"允许分解"则可分解块，如果不钩选，则改块为一整体。

2．创建外部块

所谓的外部块即块的数据可以是以前定义的内部块，或是整个图形，或是选择的对象，它保存在独立的图形文件中，可以被所有图形文件所访问，该命令只能从命令行中调用。

在命令提示下输入 Wblock 或 W，并回车，出现如图 5-3 所示的"写块"对话框。

图 5-3　"写块"对话框

三、任务实施

1．创建粗糙度内部块

（1）用 AutoCAD 2014 绘制粗糙度图形。

粗糙度按照图 5-4 的标准绘制，其中 h 为给定的字体高度 5 mm。

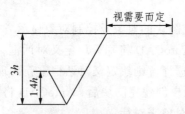

图 5-4　粗糙度绘制

（2）单击绘图工具栏上的"创建块"按钮，打开如图 5-5 所示的对话框。

（3）在名称文本框中输入块的名称：粗糙度。

（4）在基点选项组中单击"拾取点"按钮，然后在绘图区单击正三角形的最低点。

（5）在对象选项组中单击"选择对象"按钮，然后在绘图区选取所绘制的粗糙度图形。按回车键（也可按空格键或鼠标右键）返回对话框。

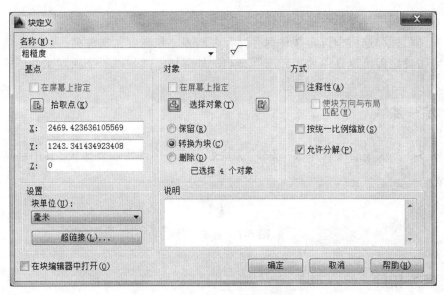

图 5-5 创建"粗糙度"块对话框

（6）点击确定即为当前文件创建了一个名为"粗糙度"的内部块。

（7）保存文件并命名为粗糙度.dwg。

2. 创建粗糙度外部块

（1）打开粗糙度.dwg 文件。

（2）在命令行输入 Wblock 或 W，回车弹出如图 5-6 所示"写块"对话框。

图 5-6 "写块"对话框

（3）在对话框"源"选项中钩选"块"选项。

（4）在块选项下拉菜单中选中粗糙度。

（5）在"目标"选项中选定文件保存路径并输入"粗糙度"文件名。

（6）点击确定即可建立以"粗糙度"命名的外部块，其是以一个独立文件形式存在的。

四、练一练

绘制图 5-7 所示基准符号并以"基准"为块名保存为内部块和外部块，其中字高为 7 mm。

图 5-7　基准符号

五、课外拓展

（1）了解"块定义"对话框中"方式"选项中"注释性"的含义。

（2）绘制常用的标准件如螺栓、键、轴承等并将其创建为外部块。

任务二　常用符号的标注

一、任务描述

按照图 5-8 所给尺寸绘制图形并进行标注。

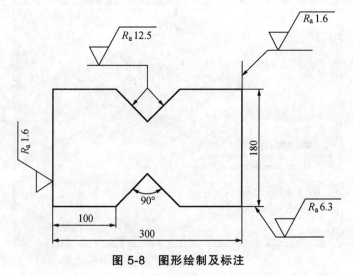

图 5-8　图形绘制及标注

二、相关知识

（一）块的插入

在当前图形中可以插入外部块和当前图形中已经定义的内部块，并可以根据需要调整其比例和旋转角度。启动命令的方法有以下 3 种：

（1）在命令行输入 Insert 或 Ddinsert。

（2）点击下拉菜单中的"插入"，在"插入"菜单上单击"块"选项。

（3）在绘制工具栏上单击创建块图标 🔲 。

执行命令后，AutoCAD 2014 弹出"插入"对话框，如图 5-9 所示。

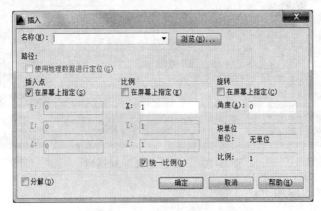

图 5-9 "插入"对话框

该对话框中"旋转"选项组的功能如下：

确定图块的旋转角度。选择"在屏幕上指定" 复选框，则用户可在命令行直接输入图块的旋转角度。不选择"在屏幕上指定"复选框，则用户可在"角度"文本框中直接输入图块旋转角度的具体数值。

（二）创建带属性的块

1. 图块属性的概念

AutoCAD 中，用户可为图块附加一些可以变化的文本信息，以增强图块的通用性。若图块带有属性，则用户在图形文件中插入该图块时，可根据具体情况按属性为图块设置不同的文本信息。这点对那些在绘图中要经常用到的图块来说，利用属性就显得极为重要。

在机械制图中，表面粗糙度值有 3.2、1.6、0.8 等，若我们在表面粗糙度符号的图块中将表面粗糙度值定义为属性，则在每次插入这种带有属性的表面粗糙度符号的图块时，AutoCAD 将会自动提示我们输入表面粗糙度的数值，这就大大拓展了该图块的通用性。

2. 建立带属性的块

1）定义块的属性

在 AutoCAD 2014 中，定义块的属性方法有两种：

（1）在下拉菜单中选择"绘图"中的"块"，选中"定义属性"。

（2）在命令行中输入 ATTDEF 命令。

执行上述操作后，AutoCAD 2014 将打开如图 5-10 所示的"属性定义"对话框。

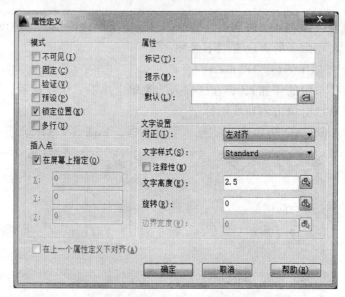

图 5-10 "属性定义"对话框

该对话框各部分功能如下：

• "模式"选项组

用于设置属性模式。属性模式有 4 种类型可供选择：

① "不可见"复选框，若选择该框，表示插入图块并输入图块属性值后，属性值在图中将不显示出来。若不选择该框，AutoCAD 将显示图块属性值。

② "固定"复选框，若选择该框，表示属性值在定义属性时已经确定为一个常量，在插入图块时，该属性值将保持不变。反之，则属性值将不是常量。

③ "验证"复选框，若选择该框，表示插入图块时，AutoCAD 对用户所输入的值将再次给出校验提示。反之，AutoCAD 将不会对用户所输入的值提出校验要求。

④ "预置"复选框，若选择该框，表示要求用户为属性指定一个初始缺省值。反之，则表示 AutoCAD 将不预设初始缺省值。

• "属性"选项组

用于设置属性参数，包括"标记""提示"和"值"。定义属性时，AutoCAD 要求用户在"标记"文本框中输入属性标志。在"值" 文本框中输入初始缺省属性值。

• "插入点"选项组

确定属性文本插入点。单击"拾取点"按钮，用户可在绘图区内用鼠标选择一点作为属性文本的插入点，然后返回对话框。也可直接在 X、Y、Z 文本框中输入插入点坐标值。

• "文字设置"选项组

确定属性文本的选项。该选项组各项的使用与单行文本的命令相同。

• "在上一个属性定义下对齐"复选框

选择该框，表示当前属性将继承上一属性的部分参数，此时"插入点"和"文字设置"选项组失效，呈灰色显示。

2）建立带属性的块的步骤

属性定义好后，只有和图块联系在一起才有用处。向图块追加属性，即建立带属性的块的操作步骤为：

（1）绘制构成图块的实体图形。

（2）定义属性。

（3）将绘制的图形和属性一起定义成图块。

三、任务实施

（1）按照尺寸绘制任务规定的图形，结果如图 5-11 所示。

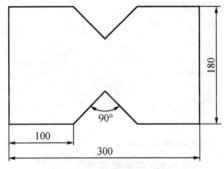

图 5-11　图形绘制

（2）打开前面存储的"粗糙度"外部块。

（3）选择"绘图"下拉菜单中的"块"选项"定义属性"，弹出"属性定义"对话框，如图 5-12 所示。

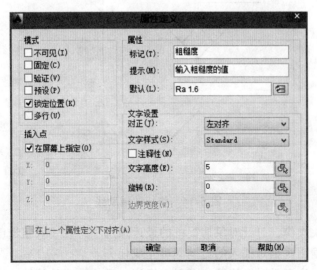

图 5-12　定义"粗糙度"属性

（4）在"属性"选项中的"标记"中输入粗糙度，在"提示"选项中输入粗糙度的值，在"默认"选项中输入 $R_a\,1.6$，注意 R_a 和 1.6 之间留一空格。

（5）在"文字设置"选项中设定"对正""文字样式""文字高度"。

（6）点击确定退出"属性定义"对话框。

（7）用创建块的方式创建"带属性粗糙度"的块，创建完成后，弹出"编辑属性"对话框，会提示输入粗糙度的值，如图 5-13 所示，点击确定，带属性的粗糙度块内部块就建立好了，执行写块命令，将其存为外部块。

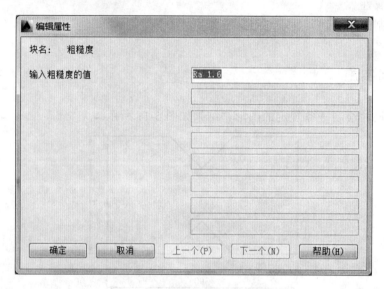

图 5-13 "编辑属性"对话框

（8）作标注辅助线：在命令行输入 Qleader 或 LE，可分别做出如图 5-14 所示的标注辅助线。

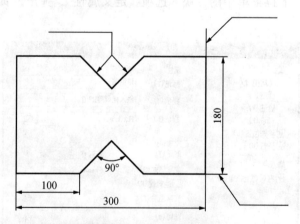

图 5-14 作标注辅助线

（9）执行插入块操作，打开对象捕捉中的最近点选项，在输入粗糙度值的时候输入对应的粗糙度值，再根据图调整好插入的比例即可完成任务。

注：粗糙度的标注可逆时针旋转，可引出标注，不能顺时针旋转。

四、练一练

按照图 5-15、图 5-16 所给尺寸绘制图形并标注。

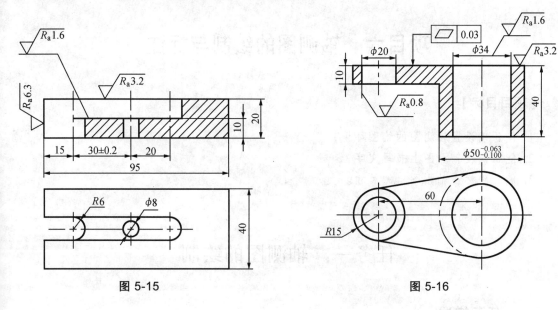

图 5-15　　　　　　　　　　　　图 5-16

五、拓展与提高

（1）会编辑块的属性。

（2）学会使用 Auto CAD 设计中心。

项目六　轴测图的绘制与标注

【项目目标】

1. 能正确设置轴测图的绘图环境；
2. 能正确在轴测图上书写文字；
3. 能正确标注轴测图上的尺寸。

任务一　轴测图的绘制

一、任务描述

根据图 6-1 所给尺寸绘制其正等轴测图并进行尺寸标注。

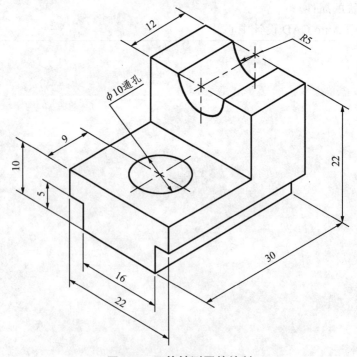

图 6-1　正等轴测图的绘制

二、相关知识

（一）轴测图概述

轴测图是一种单面投影图，在一个投影面上能同时反映出物体 3 个坐标面的形状，并接近于人们的视觉习惯，形象、逼真，富有立体感，轴测图是反映物体三维形状的二维图形，相对三维图形更简洁方便。

在正等轴测图中，3 个轴间角相等，都是 120°，3 个轴向伸缩系数均为 1，3 个轴测面分别为左轴测面（等轴测平面左视）、右轴测面（等轴测平面右视）和顶轴测面（等轴测平面俯视），如图 6-2 所示，用 F5 键可在这 3 个面间进行切换。

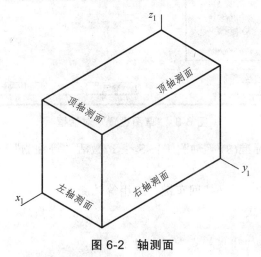

图 6-2　轴测面

（二）设置绘制正等轴测图的绘图环境

AutoCAD 为绘制轴测图创建了一个特定的环境。在这个环境中，系统提供了相应的辅助手段以帮助用户方便地构建轴测图，这就是轴测图绘制模式（简称轴测模式）。用户可以使用"草图设置"或 SNAP 命令来激活轴测投影模式。

1. 使用"草图设置"激活

选择"工具"|"草图设置"命令，弹出"草图设置"对话框，选择"捕捉和栅格"选项卡，选中"启用捕捉"和"启用栅格"复选框，在"捕捉类型"选项组中，如图 6-3 所示选中"等轴测捕捉"单选按钮，单击"确定"按钮可启用等轴测捕捉模式，此时绘图区的光标显示为如图 6-4 所示的形式。

2. 使用 SNAP 命令激活

在命令行输入 SNAP 命令，命令行提示如下：

命令：snap

指定捕捉间距或[开(ON)/关(OFF)/纵横向间距(A)/样式(S)/类型(T)]<10.0000>：s //激活"样式"模式

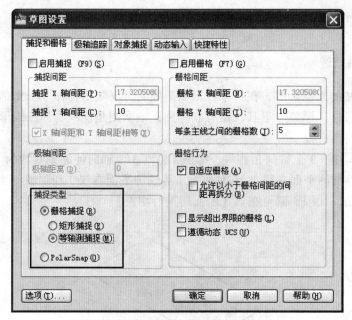

图 6-3　"草图设置"对话框

输入捕捉栅格类型[标准(S)/等轴测(I)] <S>：I//激活"等轴测"选项

指定垂直间距<10.0000>：//按回车键，启用等轴测模式，光标显示为如图 6-4 所示的形式

图 6-4　启用等轴测
捕捉模式后的光标

3．使用状态栏中的"捕捉模式"选项激活

将光标放在状态栏上的"捕捉模式（F9）"上，点击鼠标右键，选择"设置"弹出"草图设置"对话框，设置完成后按下"捕捉模式"图标、"正交"图标。

三、任务实施

（1）设置好轴测图绘图环境后，按 F5 键将视图切换到等轴测平面左视图，绘制出如图 6-5 所示图形。

（2）按 F5 键切换到等轴测俯视，过点 A 作辅助线，点击工具栏上的复制，选中第 1 步绘制好的图形，指定点 1 为基点，复制到 B 点，连接上表面对应的各点得到的图形，删除不可见图线，其结果如图 6-6 所示。

（3）按 F5 键切换到等轴测左视，绘制如图 6-7 所示图形。在绘制半径为 5 mm 的圆时使用绘图工具栏中的椭圆命令，选择等轴测圆选项进行绘制。

（4）按第（2）步的操作绘制如图 6-8 所示图形，并删除不可见图线。

（5）绘制直径为 10 的圆，最终完成如图 6-9 所示图形。

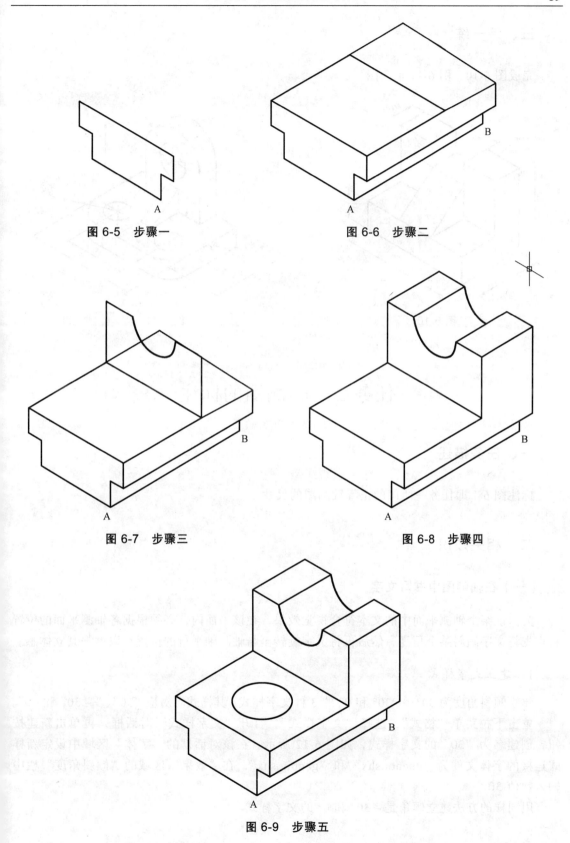

图 6-5　步骤一

图 6-6　步骤二

图 6-7　步骤三

图 6-8　步骤四

图 6-9　步骤五

三、练一练

完成图 6-10、图 6-11 轴测图。

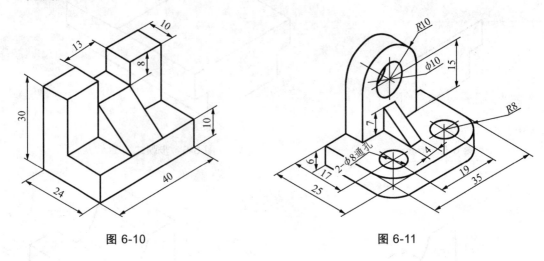

图 6-10　　　　　　　　　　　　　　　　图 6-11

任务二　轴测图的标注

一、任务描述

标注图 6-1 即任务一所画的正等轴测图的尺寸。

二、相关知识

（一）在轴侧图中书写文字

为保证某个轴测平面中的文本符合视觉效果，在该平面内，必须根据各轴测平面的位置特点先将文字倾斜某个角度，然后再将文字旋转至与轴测轴平行的位置，以增强其立体感。

1. 建立文字样式

建立倾斜角度为 30°、– 30° 和 0° 的 3 种文字样式，其样式名对应"30"、"– 30"和"0"。

单击下拉菜单"格式"，选择"文字样式"，打开"文字样式"对话框，再单击新建按钮，创建名为"30"的文字样式，如图 6-12 所示。在该对话框的"字体"区域中设定新样式连接的字体文件为"gbenor.shx"和"gbcbig.shx"，在"效果"区域的"倾斜角度"栏中输入数值 30。

用同样的方法建立倾角是 – 30° 和 0° 的文字样式。

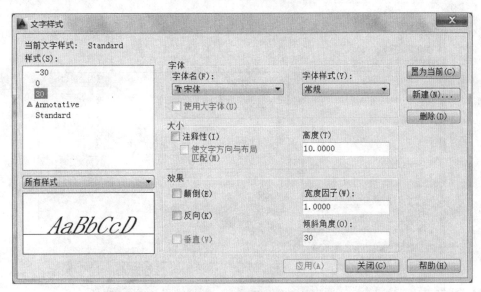

图 6-12 "文字样式"的设置

2. 文字的旋转角度

轴测图中文字的旋转角度为：30°、–30°和90°，旋转文字使用"工具栏"中的"修改"，点击"旋转" ⟳ 图标，在不同视图和不同位置的文字倾斜角度和旋转角度如图 6-13 所示。

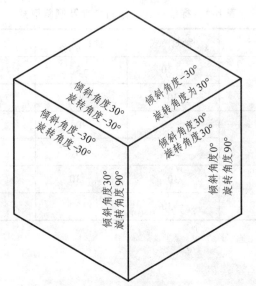

图 6-13 文字的倾斜和旋转角度

（二）在轴测图中标注尺寸

1. 创建标注样式

分别创建标注样式名为"30""–30"的 2 个标注样式，其中每个标注样式中的文字样式与前面建的30°、–30°的 2 种文字样式一一对应，如图 6-14 所示。

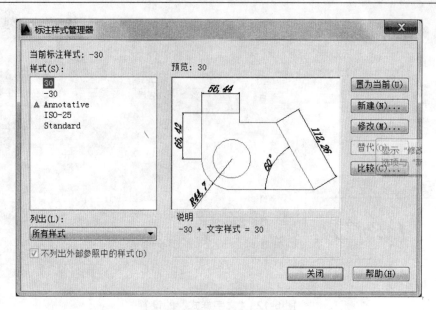

图 6-14　标注样式的设置

2. 倾斜角度

倾斜角度见表 6-1。

表 6-1　标注样式、倾斜角度及倾斜形式

标注方向	标注样式	倾斜角度	倾斜形式
长　度	− 30	− 30	尺寸界线平行于 Y
	30	90	尺寸界线平行于 Z
宽　度	− 30	90	尺寸界线平行于 Z
	30	30	尺寸界线平行于 X
高　度	30	− 30	尺寸界线平行于 Y
	− 30	30	尺寸界线平行于 X

三、任务实施

（1）根据表 6-1 的标注样式标注线性尺寸，如图 6-15 所示。

（2）利用"标注"下拉菜单中的"倾斜"，根据表 6-1 的倾斜角度要求对图进行倾斜，其结果如图 6-16 所示。

（3）圆的半径和直径标注可通过作辅助线来进行标注，其最终结果如图 6-17 所示。

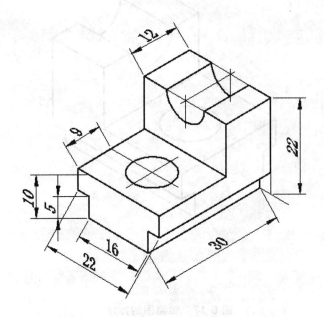

图 6-15 对齐标注

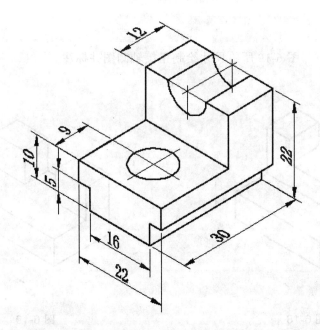

图 6-16 倾斜标注

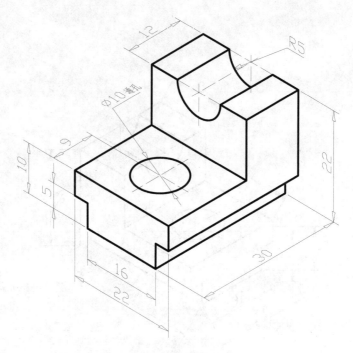

图 6-17　轴测图的标注

四、练一练

（1）根据图 6-18、图 6-19 所给尺寸绘制正等轴测图并标注。

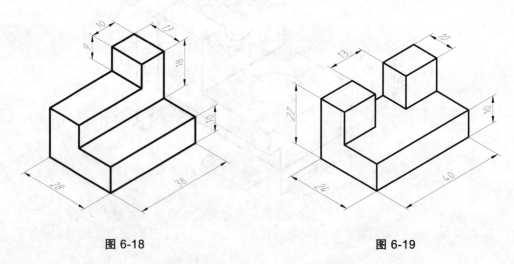

图 6-18　　　　　　　　　　　　　　　　　图 6-19

（2）根据图 6-20、图 6-21 所给尺寸绘制正等轴测图并标注（改变原图中不合理的标注样式）。

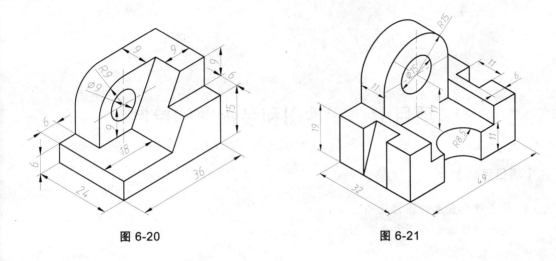

图 6-20   图 6-21

五、拓展与提高

（1）CAD 等轴测图中两个圆的公切线怎么画？

（2）如何由轴测图绘制三视图？

项目七　零件图和装配图的绘制

【项目目标】

1. 能正确设置零件图的绘图环境；
2. 能正确绘制零件图和装配图。

任务一　轴类零件零件图的绘制

表达零件的结构形状、尺寸、材料以及技术要求的图样称为零件图，它是制造和检测零件的重要技术文件。在零件图中除了图形、尺寸外，还要标注表面粗糙度、尺寸公差、形位公差等技术要求。所以，零件图与前面各章中的图形相比，要复杂得多。

本任务将会为读者介绍用 AutoCAD 绘制零件图的一般方法步骤及绘图技巧，初学者可以仿照此步骤练习，在绘图中进行总结提炼，找到适合自己的绘图方法，并注意积累经验技巧，提高绘图能力。

一、任务描述

用 1：1 的比例绘制图 7-1。

二、任务实施

（一）设置绘图环境

在绘制零件图之前，要根据机械制图国家标准，创建符合国家标准要求的图纸幅面、图层、字体等作图环境。这样既可避免大量的重复设置工作，又可以保证同一项目中所有图形文件的统一和标准。

1. 建立图层并设置线型、线宽和颜色

零件图中，一般有点画线、粗实线、细实线、细虚线等 4 种线型，我们要建立 4 个对应的图层。按照国家标准，CAD 中，粗线用 0.5 mm 的线宽，细线为 0.25 mm（见图 7-2）。

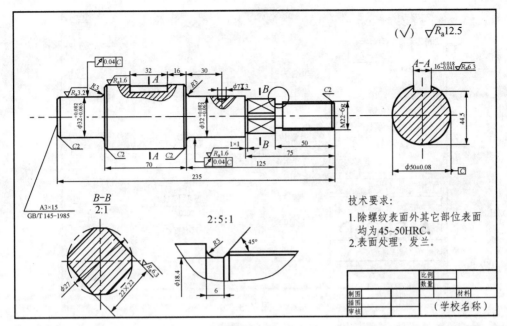

图 7-1

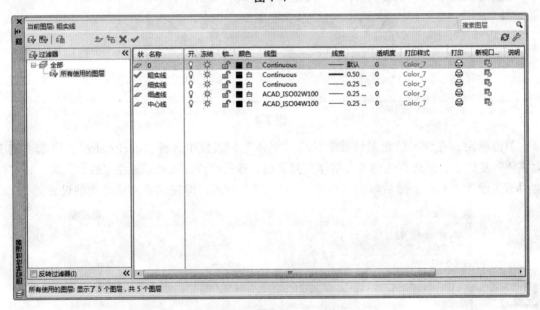

图 7-2

2. 设置文字样式

零件图中的文字应采用长体宋体，字高不低于 2.5，其文字样式设置的方法是："格式"｜"文字样式"，系统弹出对话框如图 7-3 所示。

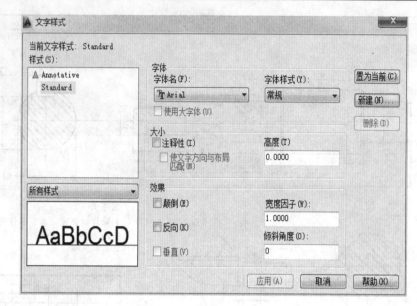

图 7-3

单击对话框中的"新建",弹出"新建文字样式"对话框,如图 7-4 所示。

图 7-4

单击确定,在弹出的新对话框中,在"字体"列表框中选择"gbeitc.shx",钩选"使用大字体"复选框,激活右边的"大字体"列表框,选择"gbcbig.shx",在"效果"区,将"宽度因子"设置为 0.67,然后单击"应用",如图 7-5 所示,即完成了文字样式的设置。

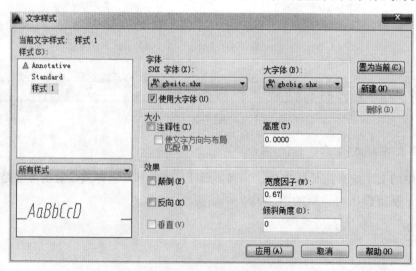

图 7-5

3. 设置图形界限

通过"格式"|"图形界限"设置绘图空间大小，先确定左下角位置，然后根据 A3 图纸大小，确定右上角位置（见图 7-6，图 7-7）。

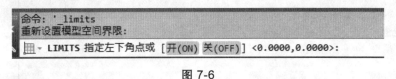

图 7-6

图 7-7

4. 创建图框和标题栏

根据图纸大小确定图框及绘制标题栏。如果制作了标题栏的外部块的话可以运用"wblock"命令直接插入（见图 7-8）。

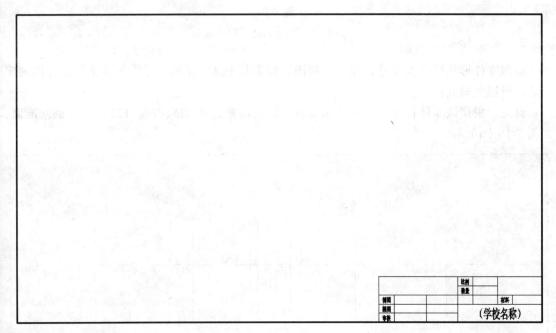

图 7-8

（二）绘制图形

1. 尺寸分析

根据图形结构尺寸，对视图进行布局分析，并画出定位用的线条（见图 7-9）。

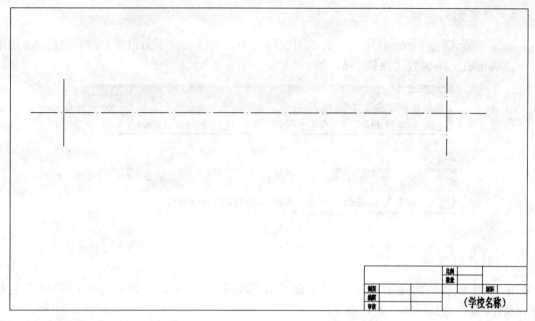

图 7-9

2. 完成主视图

根据零件形状特征及尺寸，完成主视图。如果其中某些结构尺寸需要其他图形才能确定的话，可以先画其他视图。

首先，根据该零件长度方向尺寸画出各端面的位置，如 235、70、125 等尺寸的基准面，如图 7-10（a）所示。

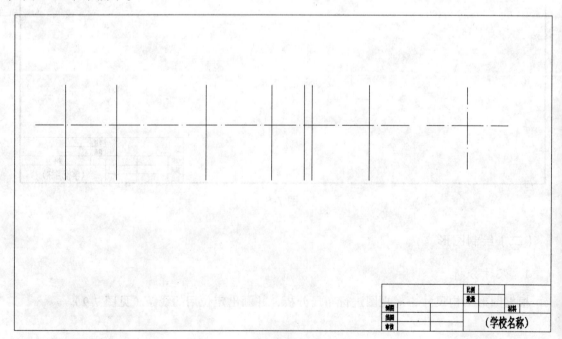

图 7-10（a）

其次，根据各轴段的直径画出投影，如 ϕ32、ϕ50、M33 等，如图 7-10（b）所示。

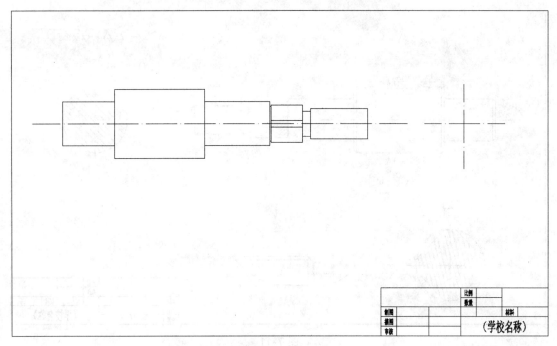

图 7-10（b）

最后，绘制一些工艺结构，如倒角、键槽、孔、螺纹等等，完成主视图的绘制，如图 7-10（c）所示。

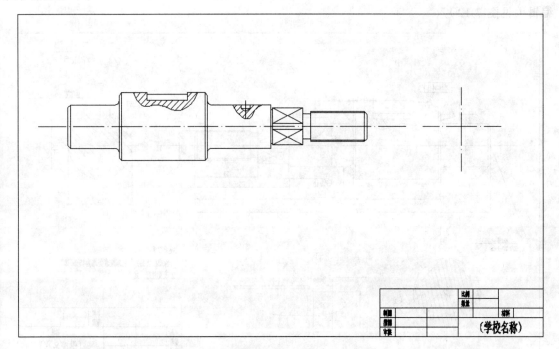

图 7-10（c）

3. 完成其他视图（见图 7-11）。

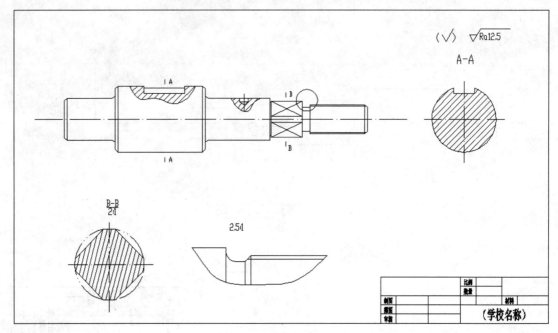

图 7-11

4. 标注尺寸及技术要求

按照国家标准标注尺寸及技术要求。形位公差的基准符号、表面粗糙度符号可用块进行编辑（见图 7-12）。

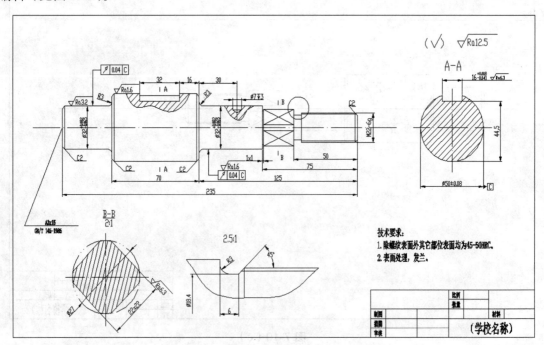

图 7-12

5. 填写标题栏并显示线宽

用文字填写标题栏，并在状态栏里点击"线宽"命令以显示线宽（见图 7-13）。

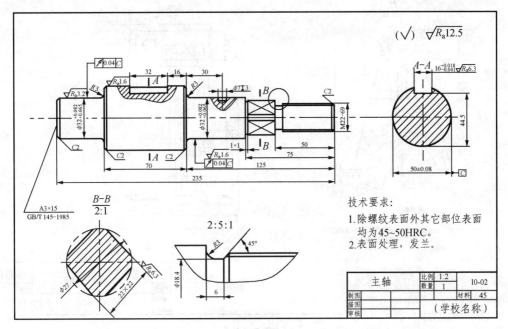

图 7-13

任务二 叉架类零件零件图绘制

一、任务描述

用 1：1 的比例绘制图 7-14。

二、任务实施

（1）绘图环境设置，如上例。

（2）分析尺寸。在图框内绘制基准，用以确定视图位置（见图 7-15）。

（3）绘制图形（见图 7-16）。从定位基准附近开始绘制图形，如图 7-16（a）所示。

绘制其他主体结构，如图 7-16（b）所示。

在要取局部剖的位置绘制波浪线，并对线型进行相应的修改，绘制圆角、倒角等结构，如图 7-16（c）所示。

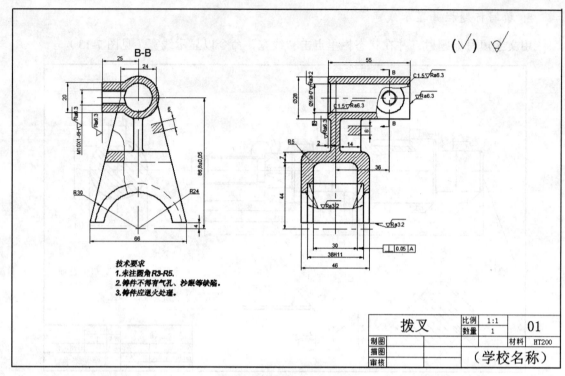

图 7-14

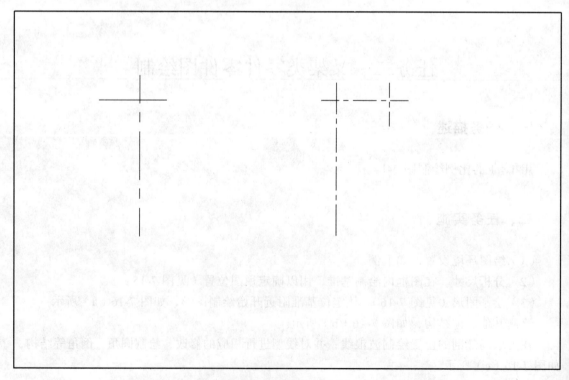

图 7-15

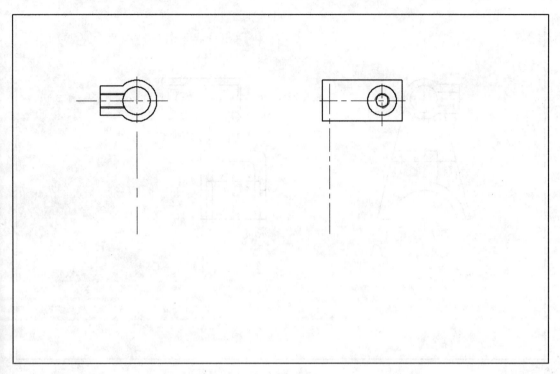

图 7-16（a）

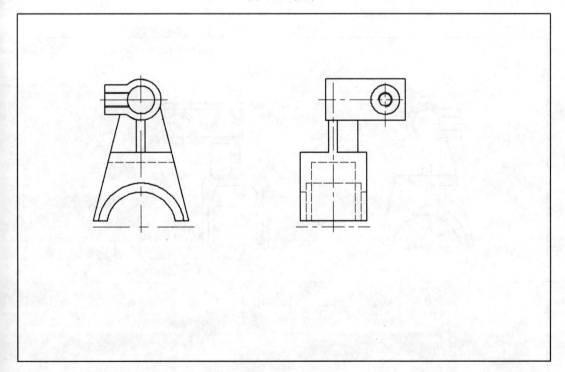

图 7-16（b）

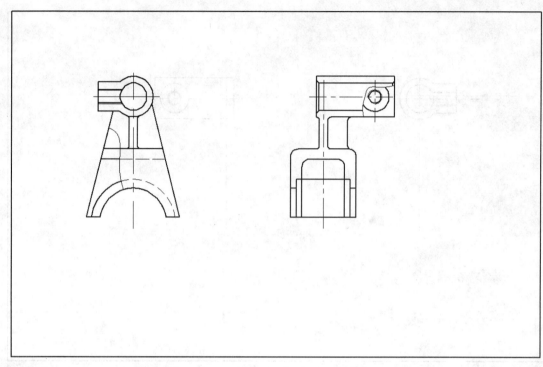

图 7-16（c）

（4）进行"图案填充"（见图 7-17）。

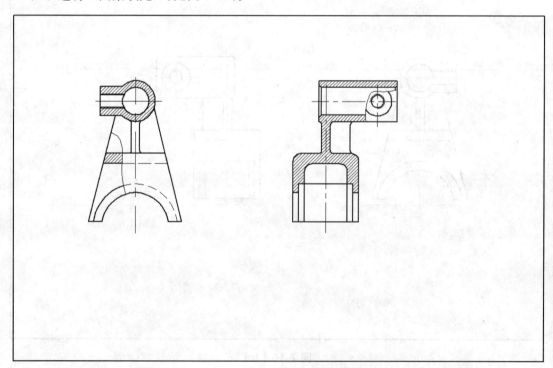

图 7-17

（5）标注尺寸和技术要求、绘制标题栏，并修改线型线宽完成零件图（见图 7-18）。

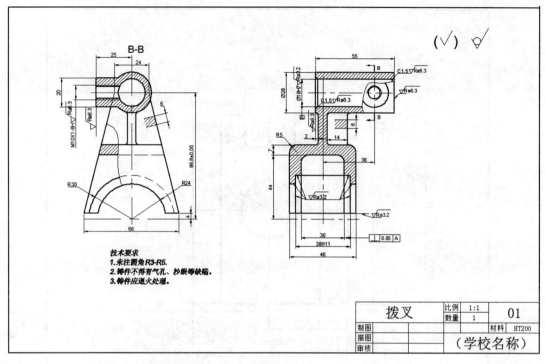

图 7-18

三、练一练

绘制图 7-19 ~ 图 7-21 所示零件图。

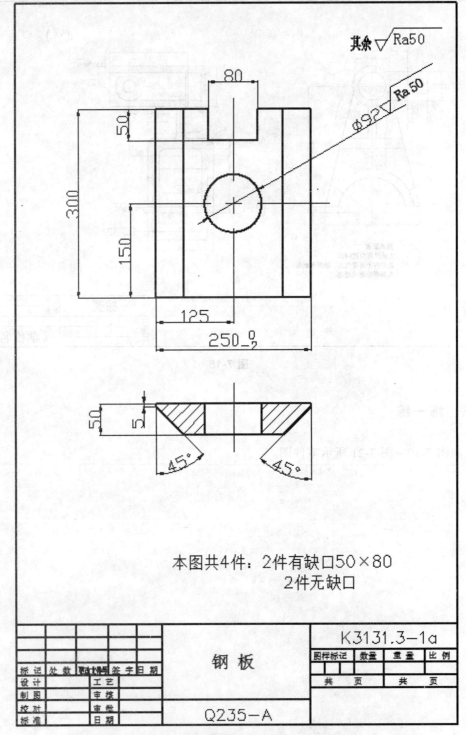

本图共4件：2件有缺口50×80
　　　　　2件无缺口

				钢 板		K3131.3-1a			
						图样标记	数量	重量	比例
标记	处数	更改文件号	签 字 日 期						
设 计		工 艺				共 页		共 页	
制 图		审 核							
校 对		审 批		Q235-A					
标 准		日 期							

图 7-19

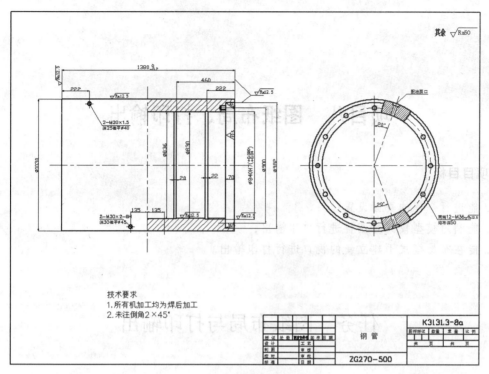

图 7-20

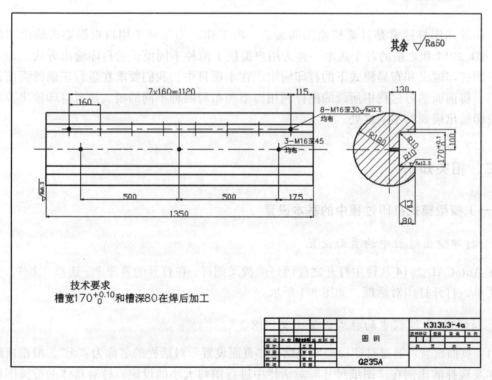

图 7-21

项目八　图纸布局、打印输出

【项目目标】

1. 能进行合理的页面设置；
2. 能利用模型模式对图样进行打印输出；
3. 能在布局模式下建立新的视口进行打印输出。

任务　图纸布局与打印输出

一、任务描述

打印输出图样通常是计算机绘图的最后一项工作。为了便于用户根据要求输出图纸，AutoCAD 2014 和之前的各个版本一样为用户提供了两种不同模式的打印输出方式，即模型模式下的打印输出和布局模式下的打印输出。在本项目中，我们要求在进行正确的页面设置管理后，将前面学习过程中所画的图样利用模型和布局两种不同的模式进行打印输出，对比两种打印输出模式的不同之处。

二、相关知识

（一）模型模式打印过程中的基本设置

1. 打印输出过程中的页面设置

在 AutoCAD 2014 软件中打开之前画好的拨叉图样，在打开的界面上，选择"文件"|"打印"菜单，打开打印对话框，如图 8-1 所示。

2. 打印输出过程中的样式设置（见图 8-2）。

（1）页面设置。通过打印模型发现默认"页面设置"对话栏的名称为"无"，根据所绘制的图样及选择的比例在"图纸尺寸"对话栏中进行图幅大小的设定。针对具体的拨叉图样选择 `ISO A3 (297.00 x 420.00 毫米)` ▼。

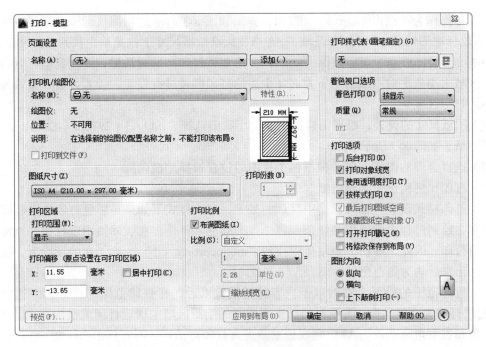

图 8-1　打印设置对话框

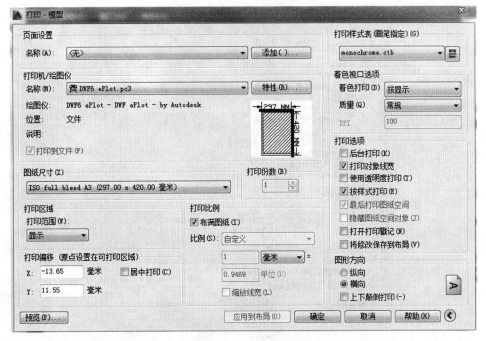

图 8-2　打印设置

（2）打印机的设置。在安装好了打印机的基础上可以在"打印机/绘图仪对话栏"下拉菜单中选择所安装打印机或绘图仪的名称。如果没有安装打印机，可选择"DWF6 eplot.pc3"，这是 AutoCAD 2014 所提供的虚拟打印机。

（3）图纸的可打印区域设置。在选择好打印机后可接着对图纸的可打印区域进行设置对话框。具体操作为：点击 特性(R) 按钮，弹出如图 8-3 所示的绘图仪配置编辑器对话框。选择"修改标准图纸尺寸（可打印区域）"，在修改标准图纸尺寸下拉菜单中找到"ISO full bleed A3（297.00×420.00 毫米）"，点 修改(M)... ，弹出如可打印区域对话框，此时我们可以根据所需要的区域大小依次对图纸的上下左右 4 个边的打印区域进行设置。设置好后，虚线外的区域为不可打印区域。

（4）图纸尺寸的设置，根据图样的尺寸大小我们选择"ISO A3（297.00×420.00 毫米）"，即 3 号图纸，如图 8-3 所示。

（5）选择合理的图像方向，根据两个视图的位置选择"横向"。

（6）打印比例钩选"布满图纸"。

（7）打印样式设置。在对话框中默认的是无，在该样式下如果是彩色打印机则打印出来的图样和在绘制过程中所使用的线条颜色一致为彩色。但是，在实际使用过程中，通常使用的是黑白打印，因此，要在下拉菜单中找到"monochrome clb"选项，在此设置下，所有的线条打印出来后均为黑白色。

（8）打印范围的设置。在对以上内容进行设置以后，在打印范围下拉菜单中选择"窗口"，此时打印对话框消失，需要我们在模型空间的绘图区域中确定打印的范围即"选择图框的左上角和右下角两个点"。确定完成后重新进入打印对话框，可先点击"预览"确认打印效果后再点击"确定"进行打印，也可直接点击"确定"进行打印。

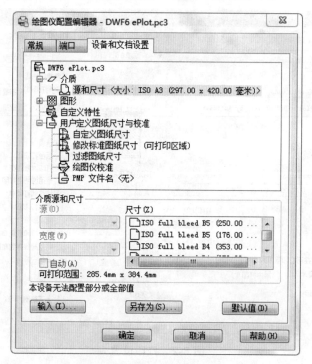

图 8-3   图纸大小的设置

3. 在新页面设置管理器中打印参数设置

在打印对话框中默认的页面设置下，每一次的打印都需要对页面进行重新设置，造成很大的时间浪费。因此，如果是需要连续打印多份图幅大小相同的图纸，我们就应该先对打印的页面进行统一设置。步骤如下：

点"文件"|"页面设置管理器"菜单跳出页面设置管理器对话框，如图 8-4 所示。点击右侧"新建"，弹出新建页面设置对话框，如图 8-5 所示。设置新页面名为：A3，点击"确定"。此时，在对话框的上部，页面设置直接变成了我们命名的 A3。然后如图 8-2 所示各步骤对打印机、图纸尺寸等进行正确的设置。

（2）选择"打印"，弹出和图 8-1 相同的打印对话框，在"页面设置的名称"下拉菜单中选择 A3，即可按预先设置好的 A3 图纸进行图样输出。

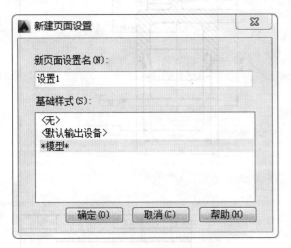

图 8-4　页面设置管理器

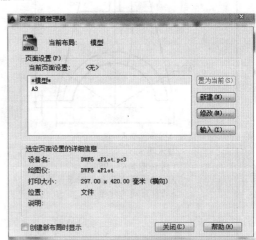

图 8-5　页面设置对话框

4. 模型空间的图形界限打印

在页面设置对话框中，可以看见打印范围下拉菜单中除了"窗口"外还有"显示"和"图形界限"两个选项。说明在模型空间下还有另外的两种打印方式，下面就"图形界限"打印方式进行介绍。

1）利用图形界限打印前的设置要求

在绘制图样的过程中，多数情况下没有进行图框和标题栏的绘制。因此，在使用图形界限打印之前应根据需要打印的图样（拨叉）尺寸绘制标准的 A3 外框尺寸 297×420。图框的左下角应为系统原点（0，0），右上角为（297，420）。

2）图形界限打印的参数设置

设置图形界限：如果在绘制图样前已经进行了图幅大小的设置则此处可以省略该步骤。如果没有在绘制图样前进行图幅大小的设置则按如下方式进行：

"格式"|"图形界限"，在命令行输入：

指定左下角点或【开(ON)/关(OFF)】<0.00，0.00>：回车

指定右上角点<297.00，0420.00>：回车

将图样移至画好的图框内。

点击"文件"|"打印"菜单，打开"打印"对话框，在对话框中"打印范围"下拉菜单选择"图形界限"|"确定"或者"预览"后再"确定"，打印出图，如图 8-6 所示。

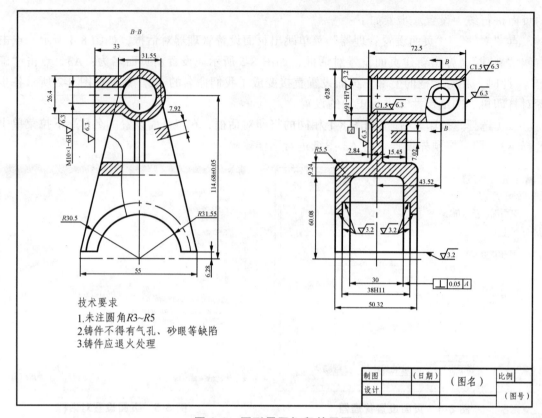

图 8-6　图形界限打印效果图

（二）布局模式下打印过程中的基本设置

在包括 AutoCAD 2014 的任何版本中，AutoCAD 软件的绘图界面右下角均有模型、布局 1 和布局 2 三个不同的界面提供给用户。模型界面主要用于绘制图样、对图样进行缩放和位置调整等操作，也可用于图样的打印输出。而布局空间主要用于打印输出设置，调整图样输出尺寸大小、根据需要建立视口和添加图框标题栏等，提供更为直观的打印设置。在这种模式下不管"模型"里画了多少个图样，都可以利用"布局出图"来打印，或全部打印，亦可单个或多个打印。下面，就介绍利用"布局"来打印输出的步骤。

1. 布局模式下的一般设置

（1）在 CAD 的"模型"界面里画好图形，都以 1∶1 的比例来画，如图 8-7 所示。

（2）打开 CAD 菜单栏中的"插入"，点击"布局"中的"布局向导"，如图 8-8 所示。

（3）进入到"布局向导"对话框后，第一步是"开始"。输入"布局名称"后，将空格中的"布局 3"修改为需要的布局名称，点击"下一步"，如果不需要修改则直接点击"下一步"。

（4）在"布局向导"对话框中，第二步是"打印机"。在选择"打印机"的过程中，如果没有安装打印机则可选择 CAD 默认的虚拟打印机，并点击"下一步"。

（5）在"布局向导"对话框中，第三步是"图纸尺寸"。就是要打印的图纸的大小。根据所画图样的大小我们选择 A3 纸，图形单位选"毫米"。选择好后点击"下一步"。

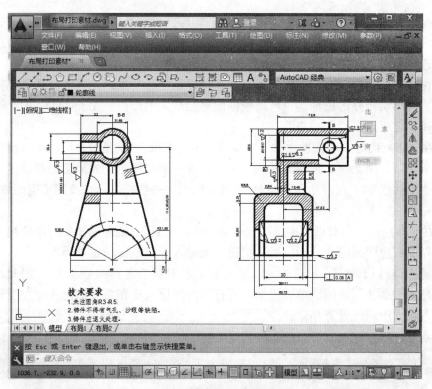

图 8-7 拨叉 1:1 图例

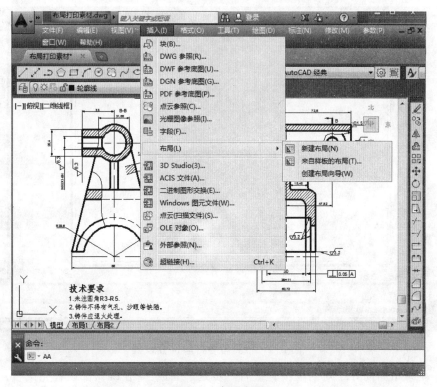

图 8-8 布局向导

（6）在"布局向导"对话框中，第四步是"方向"。就是要打印的图纸的方向。

这里可以选择"纵向"，也可以选择"横向"，根据打印的图纸方向来选择，这里示范是"横向"，选择后，点击"下一步"。

（7）在"布局向导"对话框中，第五步是"标题栏"的选择。其实就是给要打印的图样添加图框。可以绘制好的图框，也可以根据图幅绘制好的图框，AutoCAD 2014 给我们提供了 3 种选择。之后点击"下一步"。

（8）在"布局向导"对话框中，第六步是"定义视口"。就是要打印的视口框范围。一般是打印一个视口，因此，本选项的默认"视口设置"就是单个。如果需要打印多个视口，则可以通过"工具栏"|"视口命令"添加。"视口比例"一般按默认"按图纸空间缩放"设定，点击"下一步"。

（9）在"布局向导"对话框中，第七步是"拾取位置"。就是选择要打印的视口框位置范围。点击界面右边中间的"选择位置"按钮，就进入视口框的指定选择界面。

（10）界面转到了布局，由于在刚才选择标题栏时我们选择的是"无"，因此，在布局界面看到的是如图 8-9 所示的空白。根据需要打印的图样大小在虚线框内选择左上角和右下角两点确定视口大小回到设置界面。

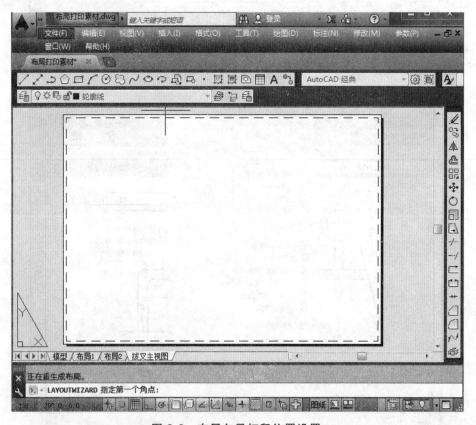

图 8-9　布局向导打印位置设置

（11）在"布局向导"对话框中，最后一步是"完成"。在确认都设置完成后，点击"完成"按钮。如果觉得设置有缺陷或不对，可以点"取消"，再从头开始。

（12）布局建立完成后，模型中的图形也在视口框中全部显现出来了。如果显现的单个图形太大，可以在视口框的内部（无论什么位置），双击鼠标的左键，使视口呈现被选中状态进行调整。

（13）打印图纸。

2. 布局模式下视口的建立

1）使用浮动视口

在构造布局图时，常常需要对画好的图样进行排列、改变比例或者旋转等操作之后打印输出。可以将浮动视口视为图纸空间的图形对象，并对其进行移动和调整。浮动视口可以相互重叠或分离。在图纸空间中无法编辑模型空间中的对象，如果要编辑模型，必须激活浮动视口，进入浮动模型空间。激活浮动视口的方法有多种，如可执行 MSPACE 命令、单击状态栏上的"图纸"按钮或双击浮动视口区域中的任意位置。

在布局图中，选择浮动视口边界，然后按 Delete 键即可删除浮动视口。删除浮动视口后，使用"视图"|"视口"|"新建视口"命令，可以创建新的浮动视口，此时需要指定创建浮动视口的数量和区域，如图 8-10 所示。

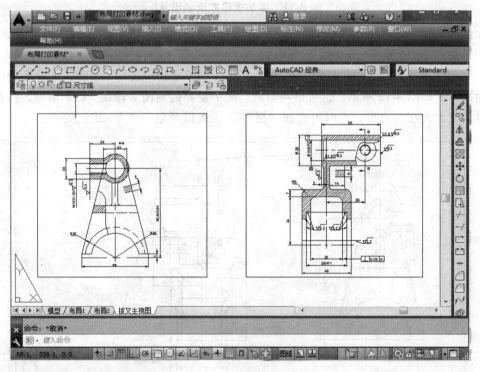

图 8-10 浮动视口

2）浮动视口的相关设置

如果布局图中使用了多个浮动视口时，就可以为这些视口中的视图建立相同的缩放比例。这时可选择要修改其缩放比例的浮动视口，在"特性"窗口的"标准比例"下拉列表框中选择某一比例，然后对其他的所有浮动视口执行同样的操作设置一个相同的比例值，如图 8-11 所示第二个浮动视口选择的是 2∶1 的放大比例。

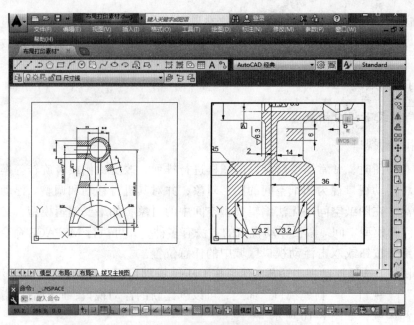

图 8-11　浮动视口的比例设置

在浮动视口中，执行 MVSETUP 命令可以旋转整个视图。该功能与 ROTATE 命令不同，ROTATE 命令只能旋转单个对象。

在删除浮动视口后，可以选择"视图"|"视口"|"多边形视口"菜单，创建多边形形状的浮动视口，如图 8-12 所示。也可以将图纸空间中绘制的封闭多段线、圆、面域、样条或椭圆等对象设置为视口边界，这时可选择"视图"|"视口对象"命令来创建。

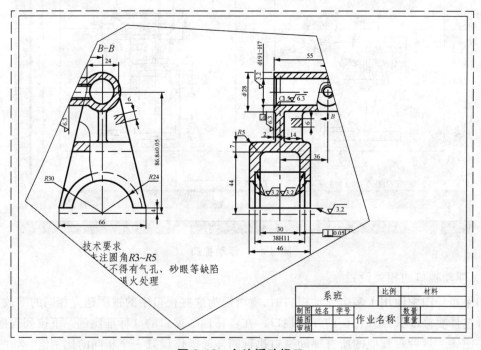

图 8-12　多边浮动视口

3）打印

根据需要建立好浮动视口后，就可以对图样进行打印输出。步骤为："文件"|"打印"，弹出打印对话框，进行打印前的页面设置，预览后确定，如图 8-13 所示。不需要打印出视口框则可以用如图 8-14 所示的方法设置。

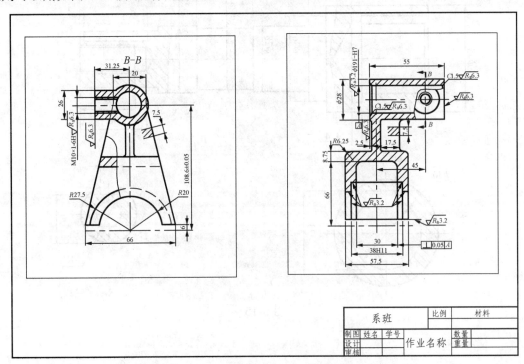

图 8-13 视口打印预览图

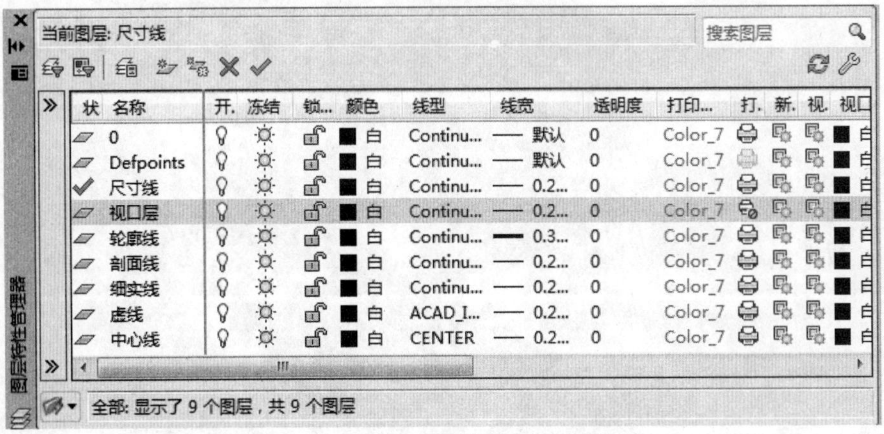

图 8-14 视口框的打印属性设置

三、任务实施

按 1 ∶ 1 绘制图 8-15，分别用模型模式和布局模式打印出图（预览即可）。

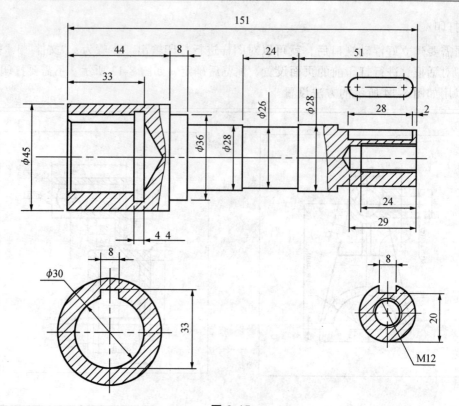

图 8-15

附录一 AutoCAD 上机练习题

一、绘制下列平面图

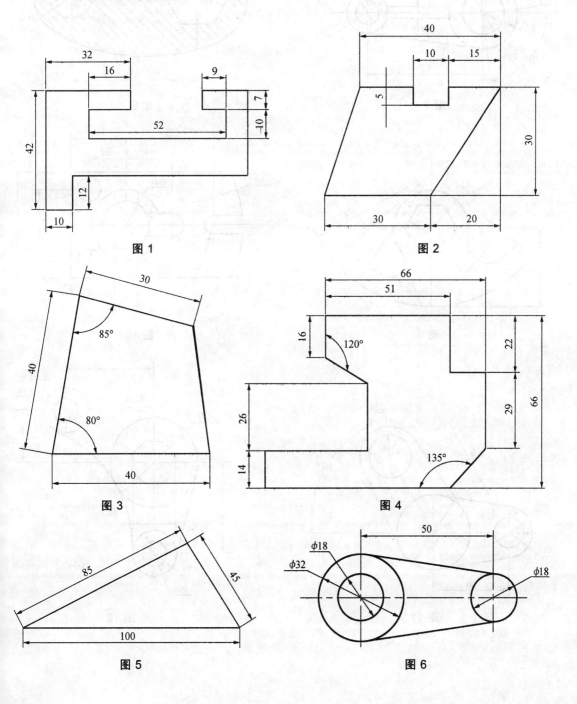

图 1

图 2

图 3

图 4

图 5

图 6

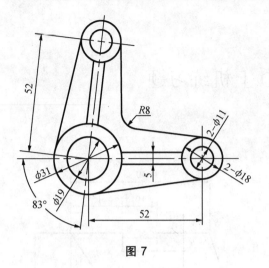

图 7

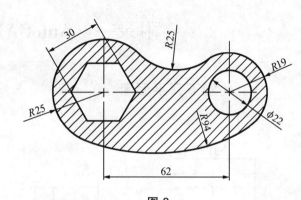

图 8

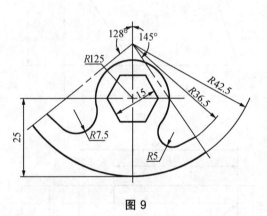

图 9

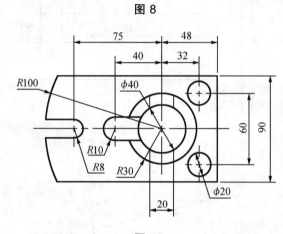

图 10

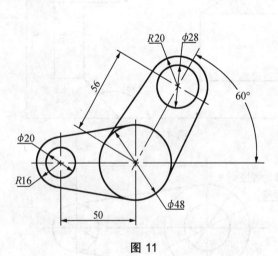

图 11

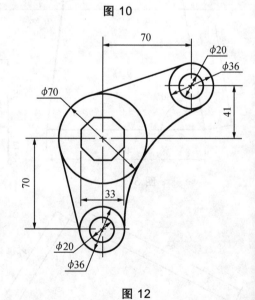

图 12

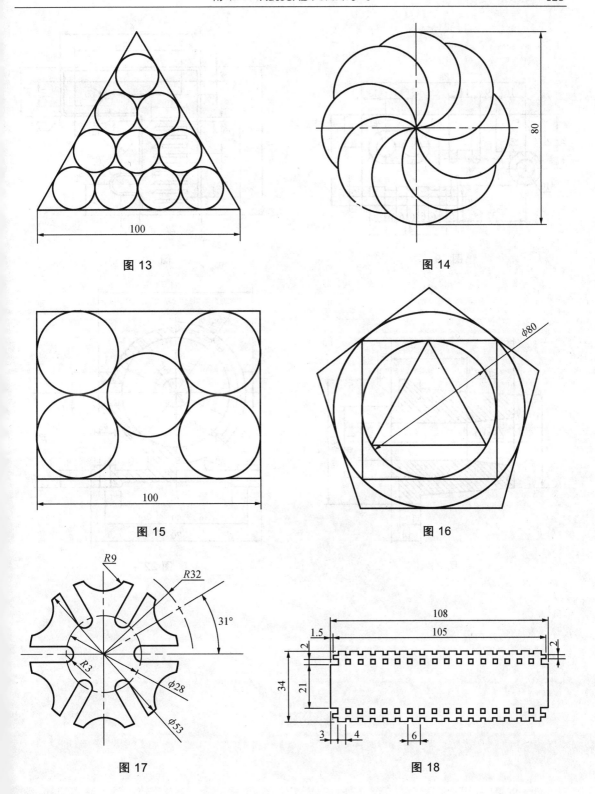

图 13

图 14

图 15

图 16

图 17

图 18

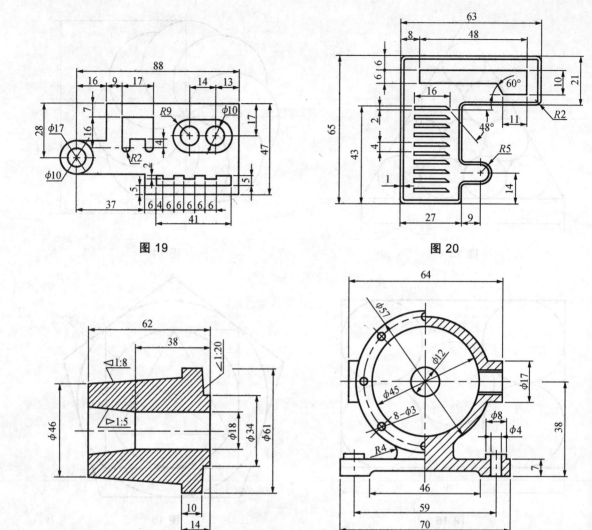

图 19

图 20

图 21

图 22

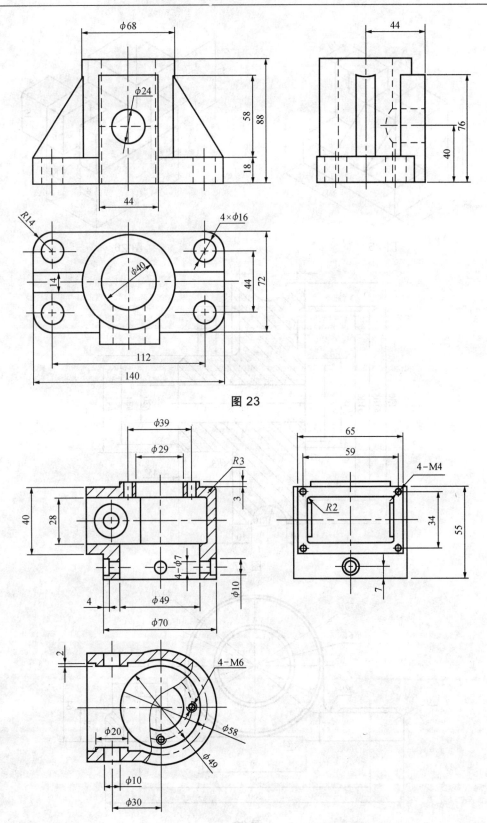

图 23

图 24

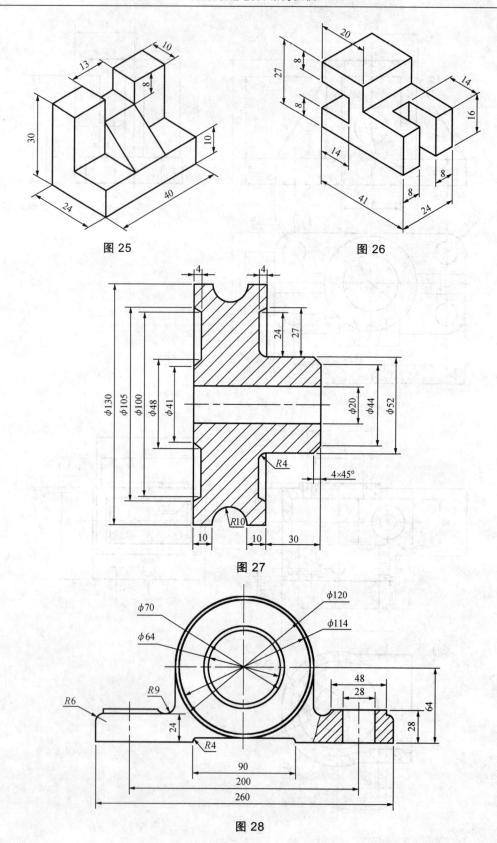

图 25

图 26

图 27

图 28

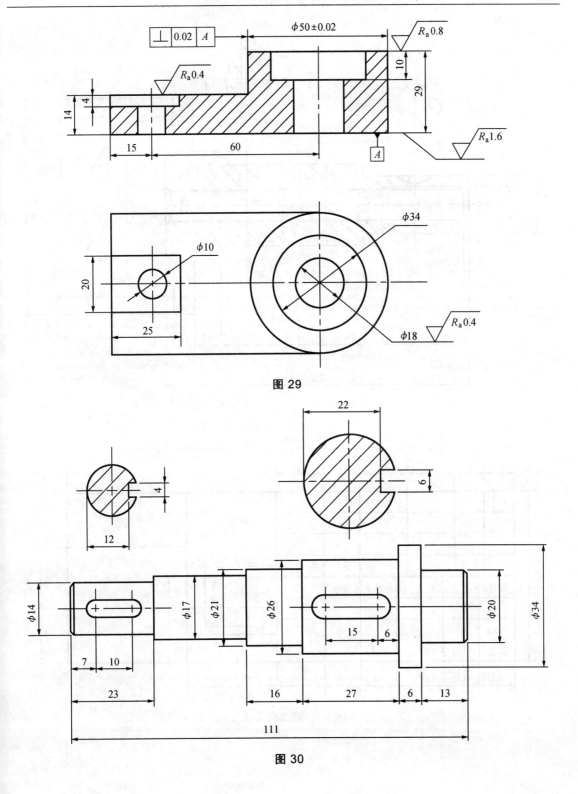

图 29

图 30

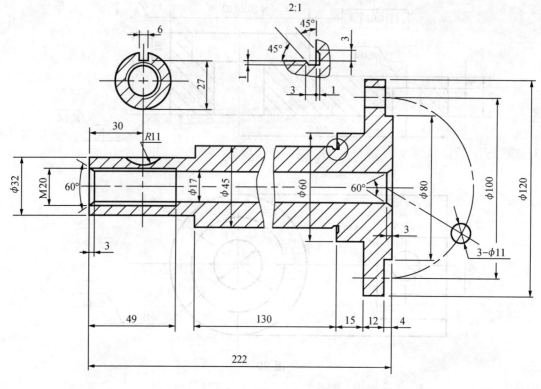

图 31

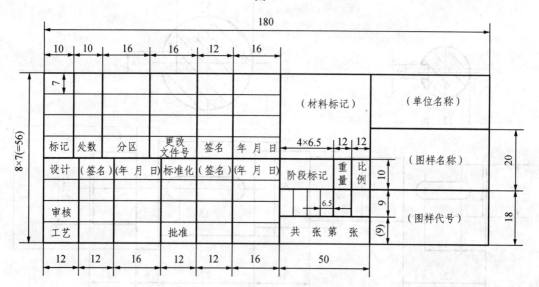

图 32

二、书写汉字和特殊符号

1. 创建单行文字（仿宋体、字高 3.5）

$4-\phi10$

30-M8 孔均布

支板与基座焊接倾角为 45°±0.5°

支板孔间距 800

2. 创建多行文字［仿宋体、字高（技术要求 5 号字、其余 3.5 号字）］

技术要求：

（1）牵引钢丝绳的起重量 20 t，起重速度 30 m/min。

（2）支撑滑轮的间距是 1 800 mm。

（3）制动器型号为 $YWZ\dfrac{800}{300}$。

3. 创建多行文字（仿宋体、字高 7）

（1）主梁在制造完毕后，应按二次抛物线：$y=f(x)=4(L-x)x/L^2$。

（2）钢板厚度 $\delta \geqslant 6$ mm。

（3）隔板根部切角为 20×20。

（4）轴承孔间距 $180^{+0.7}_{-0.3}$。

回转角度 $\approx28.6°$。

回转直径 $\phi800$。

附录二　AutoCAD 命令快捷键大全

一、AutoCAD 常用命令

快捷命令	命　令	中文含义
A	ARC	圆弧
AA	AREA	测量面积
AR	ARRAY	阵列
ADC	ADCENTER	设计中心（Ctrl + 2）
ATT	ATTDEF	创建属性定义
ATE	ATTEDIT	编辑属性
AL	ALIGN	对齐
B	BLOCK	块定义
BR	BREAK	打断
BH	BHATCH	使用图案填充封闭区域或选定对象
C	CIRCLE	圆
CO	COPY	复制
CH/MO	PROPERTIES	修改特性（Ctrl + 1）
CHA	CHAMFER	倒角
COL	COLOR	设置颜色
D	DIMSTYLE	样式标注管理器
Dc	ADCENTER	设计中心
DO	DONUT	圆环
DIV	DIVIDE	等分
DS/RM/SE	DSETTINGS	草图设置
DAL	DIMALIGNED	对齐标注
DAN	DIMANGULAR	角度标注
DBA	DIMBASELINE	基线标注
DCO	DIMCONTINUE	连续标注
DDI	DIMDIAMETER	直径标注
DED	DIMEDIT	编辑标注
DLI	DIMLINEAR	线性标注
DRA	DIMRADIUS	半径标注

Dimted	DIMTEDIT	对齐文字
E/DEL 键	ERASE	删除
EL	ELLIPSE	椭圆
ED	DDEDIT	修改文本
X	EXPLODE	分解
EXP	EXPORT	输出
EX	EXTEND	延伸
EXT	EXTRUDE	拉伸
EXIT	QUIT	退出
EXP	EXPORT	输出文件
F	FILLET	圆角
H	BHATCH	填充
I	INSERT	插入块
L	LINE	直线
LA	LAYER	图层
LO	LAYOUT	布局
LT	LINETYPE	线形管理器
LTS	LTSCALE	设置全局线型比例因子
LW	LWEIGHT	线宽
LEN	LENGTHEN	直线拉长
M	MOVE	移动
ME	MEASURE	定距等分
MI	MIRROR	镜像
MT	MTEXT	多行文字
ML	MLINE	多线
MA	MATCHPROP	属性匹配
Mo	PROPERTIES	特性
MV	MVIEW	创建并控制布局视口
MS	MSPACE	从图纸空间切换到模型空间视口
O	OFFSET	偏移
OS	OSNAP	设置捕捉模式
ORTHO	正交	
P	Pan	平移
PE	PEDIT	多段线编辑
PRINT	PLOT	打印
PRE	PREVIEW	打印预览

PO	POINT	点
POL	POLYGON	正多边形
PL	PLINE	多段线
PS	PSPACE	从模型空间视口切换到图纸空间
LE	QLEADER	引线（快速创建引线和引线注释）
Ray		射线
RE	REGEN	重生成模型
REA	REGENALL	全部重生成
REC	RECTANG	绘制矩形
REV	REVOLVE	旋转
RO	ROTATE	旋转（绕基点移动对象）
REN	RENAME	重命名
REG	REGION	面域
S	STRETCH	拉伸
SET	SETVAR	设置变量
ST	STYLE	文字样式
SC	SCALE	比例缩放
SO	SOLID	二维填充
SPL	SPLINE	样条曲线
SPE	SPLINEDIT	编辑样条曲线
SN	SNAP	捕捉栅格
T	TEXT	单行文字
TO	TOOLBAR	设置工具栏
TOR	TORUS	圆环体
TR	TRIM	修剪
U	Undo	撤消操作
W	WBLOCK	写块
XP	XPLODE	分解
XL	XLINE	构造线
Z	Zoom	缩放视图

二、AutoCAD 常用快捷键

F1 帮助

F2 打开/关闭文本窗口

F3 对象捕捉

F4 打开或关闭"数字化仪"

F5 等轴测平面设置

F6 打开或关闭"坐标"模式

F7 打开或关闭"栅格"模式

F8 打开或关闭"正交"模式

F9 打开或关闭"捕捉"模式

F10 打开或关闭"极轴追踪"

F11 打开或关闭"对象捕捉追踪"

CTRL + 0 清除屏幕（C）

CTRL + 1 PROPERTIES（修改特性）

CTRL + 2 ADCENTER（设计中心）

CTRL + 3 工具选项板

CTRL + 6 数据库连接管理器（D）

CTRL + A 全选

CTRL + B 切换捕捉

CTRL + C 复制

CTRL + D 切换坐标显示

CTRL + E 在等轴测平面之间循环

CTRL + F 切换执行对象捕捉

CTRL + G 切换栅格

参考文献

[1]　周军，张秋利. AutoCAD 2014 中文版实用基础教程[M]. 北京：化学工业出版社，2013.

[2]　张更娥，周敏，赵大鹏. AutoCAD2014 中文版基础教程[M]. 北京：人民邮电出版社，2013.

[3]　肖静. AutoCAD 2014 中文版基础教程[M]. 北京：清华大学出版社，2014.

[4]　程绪琦，王建华，刘志峰，等. AutoCAD 2014 中文版标准教程[M]. 北京：电子工业出版社，2014.

[5]　王灵珠. AutoCAD 2014 机械制图实用教程[M]. 北京：机械工业出版社，2015.